蕾丝花片和装饰垫精选100款

日本宝库社　编著　　蒋幼幼　译

河南科学技术出版社
·郑州·

目　录

※本书是日本宝库社2007~2010年出版的《精美的蕾丝垫》《菠萝花样蕾丝垫》《连接花片蕾丝垫》和《方眼花样蕾丝垫》4本书的作品精选集。

前　言

1根细线，1枚钩针，就能钩编出精美细腻的蕾丝。
本书作品均使用普通的40号蕾丝线，
小巧的花片钩编起来轻松愉快，
30cm（边长或直径）左右的装饰垫方便实用。

单个花片可以用作杯垫或小装饰。
若是一片片连接起来，
也可以制作成像咖啡帘和床罩等更大件的作品。

虽说是垫子，但不仅可以用来铺垫，
还可以盖在各种物品的上面用作盖巾或装饰，是非常实用的家居用品。

蕾丝钩编爱好者自然不在话下，
为了让许久没有动手编织以及初学编织的朋友也能享受其中的乐趣，
本书在蕾丝钩编基础部分也进行了补充和完善。
如蕾丝钩编有别于一般钩针编织的独特技巧，
让作品更加精美的定型小窍门等，重点突出，内容翔实。
一直按个人风格编织的朋友，不妨学习一下本书中的方法。

希望蕾丝钩编可以为大家的日常生活增添色彩！

生活中的蕾丝花片和装饰垫

钩织这么多的蕾丝花片和装饰垫打算做什么用呢？
直接使用自然也不错。如果稍微加点小心思，每天都可以享受蕾丝装点的生活。

杯垫　边长10cm左右的花片最适合用作杯垫了。用作小花瓶垫也很棒。（作品14、24、25）
包装　给精心准备的礼物包装时，在盒子上貌似不经意地加上一片蕾丝如何？（作品15）
提篮　用较粗的线钩织花片粘贴在提篮的外面，自然又美观。（作品34）
挂饰　简单地穿入丝带装饰起来也十分可爱。钩织2个相同的花片并缝在一起，也可以制作成小香囊。（作品29、31、33、46）

枕套 可以在素色抱枕的表面缝上蕾丝花片，有图案或花纹的抱枕可以搭配着缝上小花片。（作品13、94）
盖巾 给编织完成的花片加上串珠，盖在瓶瓶罐罐上，可以防止灰尘落入其中。（作品26）
衣架 将喜爱的花片穿在衣架上可以用作标记。大一点的蕾丝垫还可以起到防止衣服滑落的作用。（作品45、83）
戒枕 纤细的蕾丝也非常适合用在婚礼上。这里将蕾丝花片缝在了缎布底座上。（作品5）

※此外，也可以将很多花片连接起来制作成桌布、沙发罩、披肩、上衣等。用更细的蕾丝线钩织的小花片制作成饰品也是不错的创意。细腻的蕾丝作品也不妨镶上画框做成一件艺术品。

Chapter

1

蕾丝钩编花片

这里为大家汇集了各种各样的花片，
小的很快就能钩编完成，大的单独一片就能让人眼前一亮。
从三角形到圆形，各种形状的花片应有尽有。看看有没有自己喜欢的吧！

※试着像胸针一样别上了新颖独特的花片。使用不同的线钩织，呈现的效果也会大相径庭，请用自己喜欢的线多试几次吧。（作品48）

线 »
DARUMA 40号蕾丝线（1、3、4），
奥林巴斯 金票40号蕾丝线（2）

1
尺寸 » 边长16cm
钩织方法»p.8

2
尺寸 » 边长9cm
连接花片»p.35
钩织方法 »p.9

3
尺寸 » 边长9cm
连接花片»p.35
钩织方法»p.8

4
尺寸»边长14.5cm
钩织方法»p.8

三角形花片

单独1个三角形花片也非常别致。
连接花片更能呈现出富于动感的变化，
请结合p.35的作品一起欣赏吧。

线…
【1】DARUMA 40号蕾丝线 白色(1)
【2】奥林巴斯 金票40号蕾丝线
白色(801)、深红色(192)
【3】DARUMA 40号蕾丝线 原白色(13)
【4】DARUMA 40号蕾丝线 白色(1)
【16】奥林巴斯 金票40号蕾丝线
米白色(852)
【38】奥林巴斯 金票40号蕾丝线
黄绿色(228)
针…蕾丝针8号

►=剪线

钩织方法

1

(p.7)

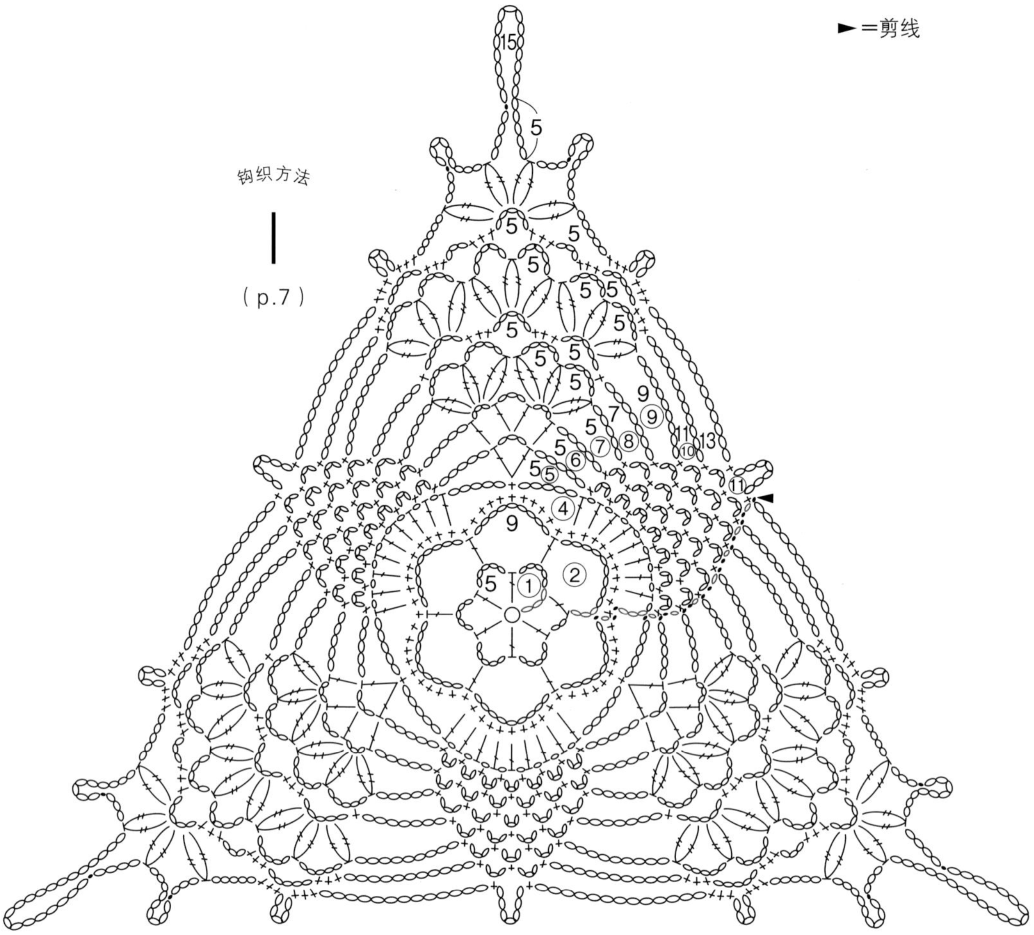

钩织方法

3

(p.7)

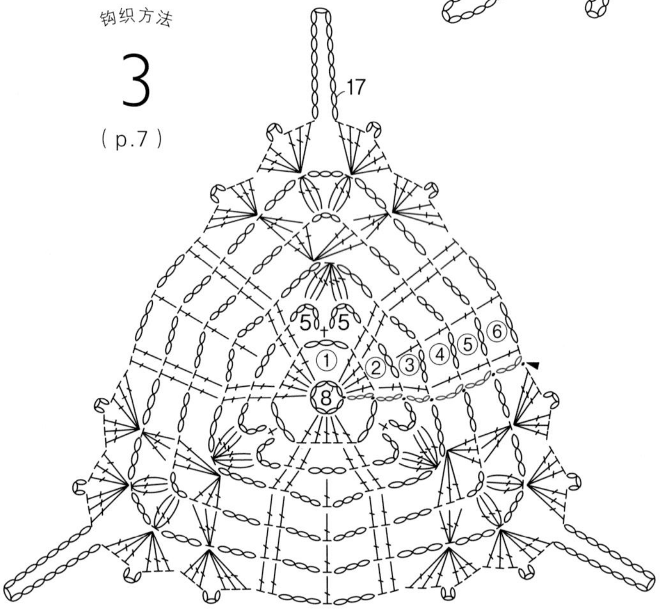

钩织方法

4

(p.7)

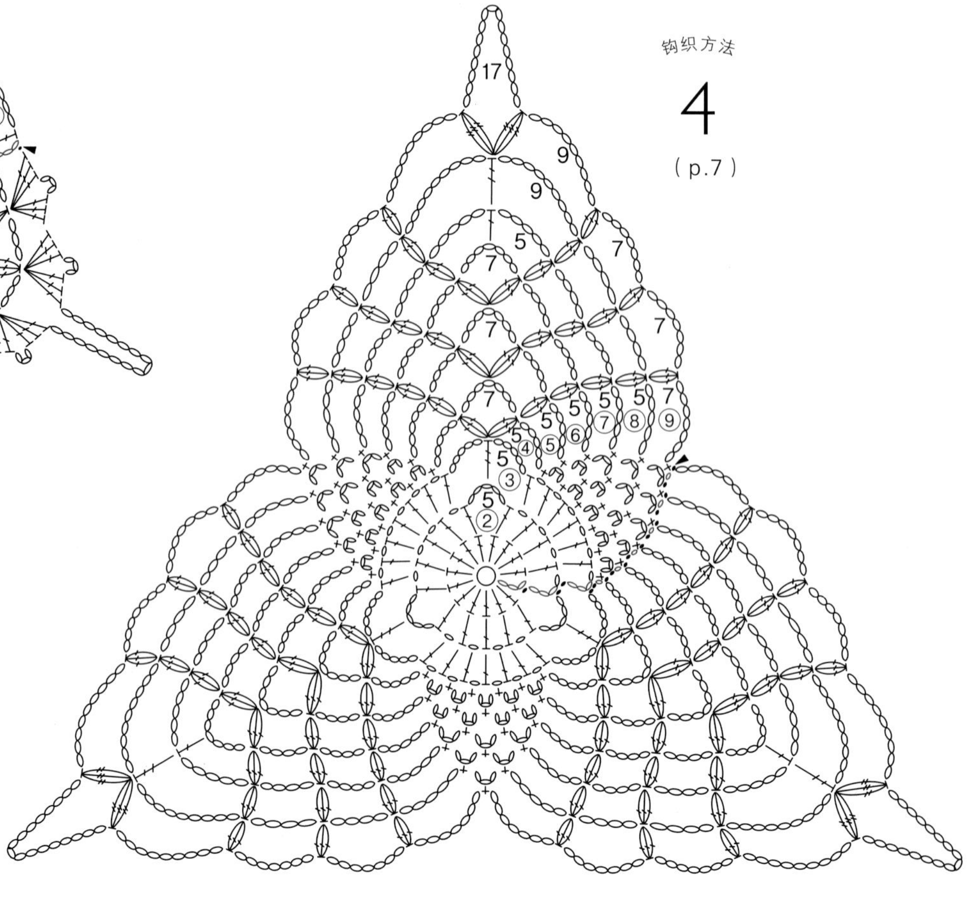

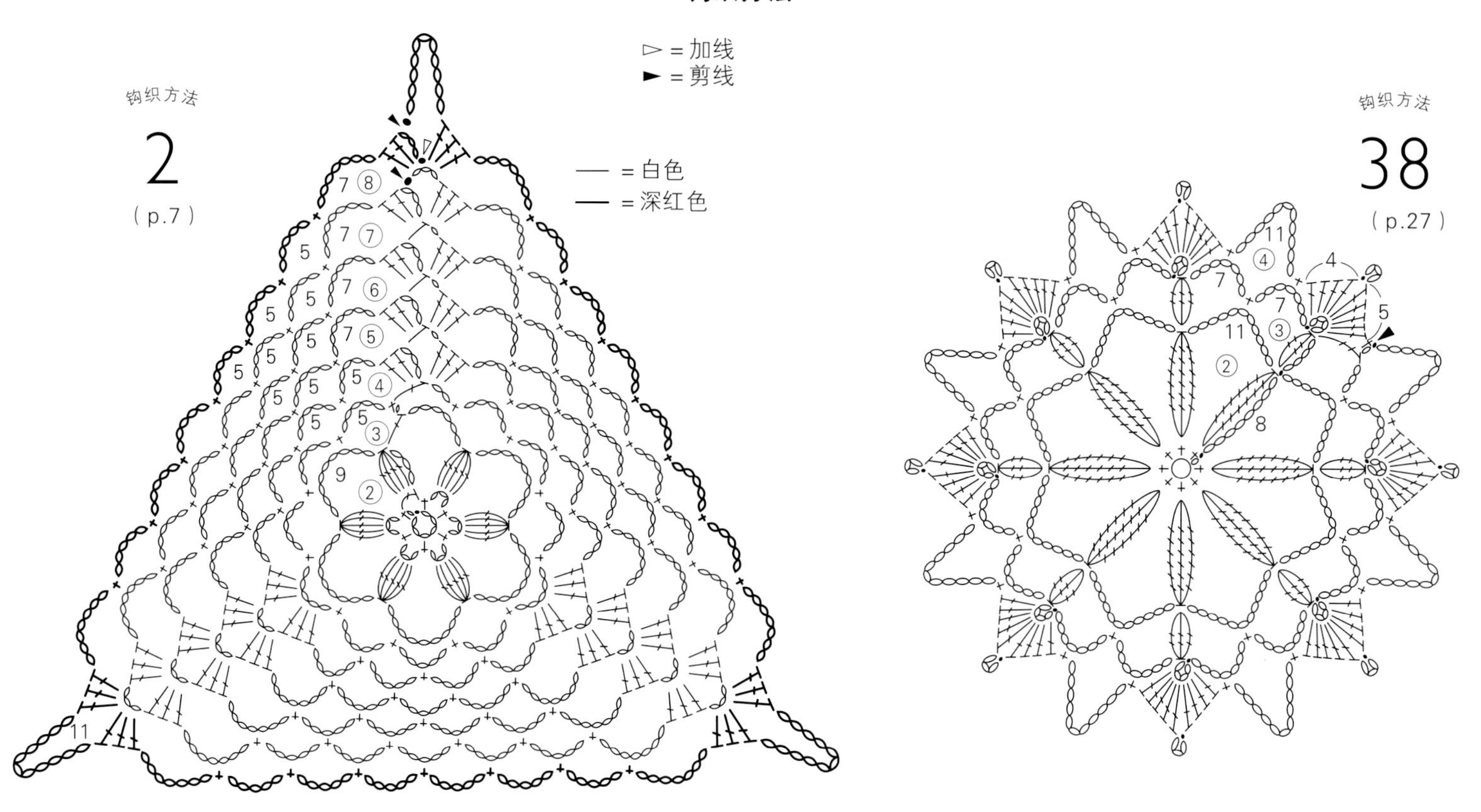

▷ = 加线
► = 剪线
钩织方法
2
(p.7)
— = 白色
— = 深红色
钩织方法
38
(p.27)

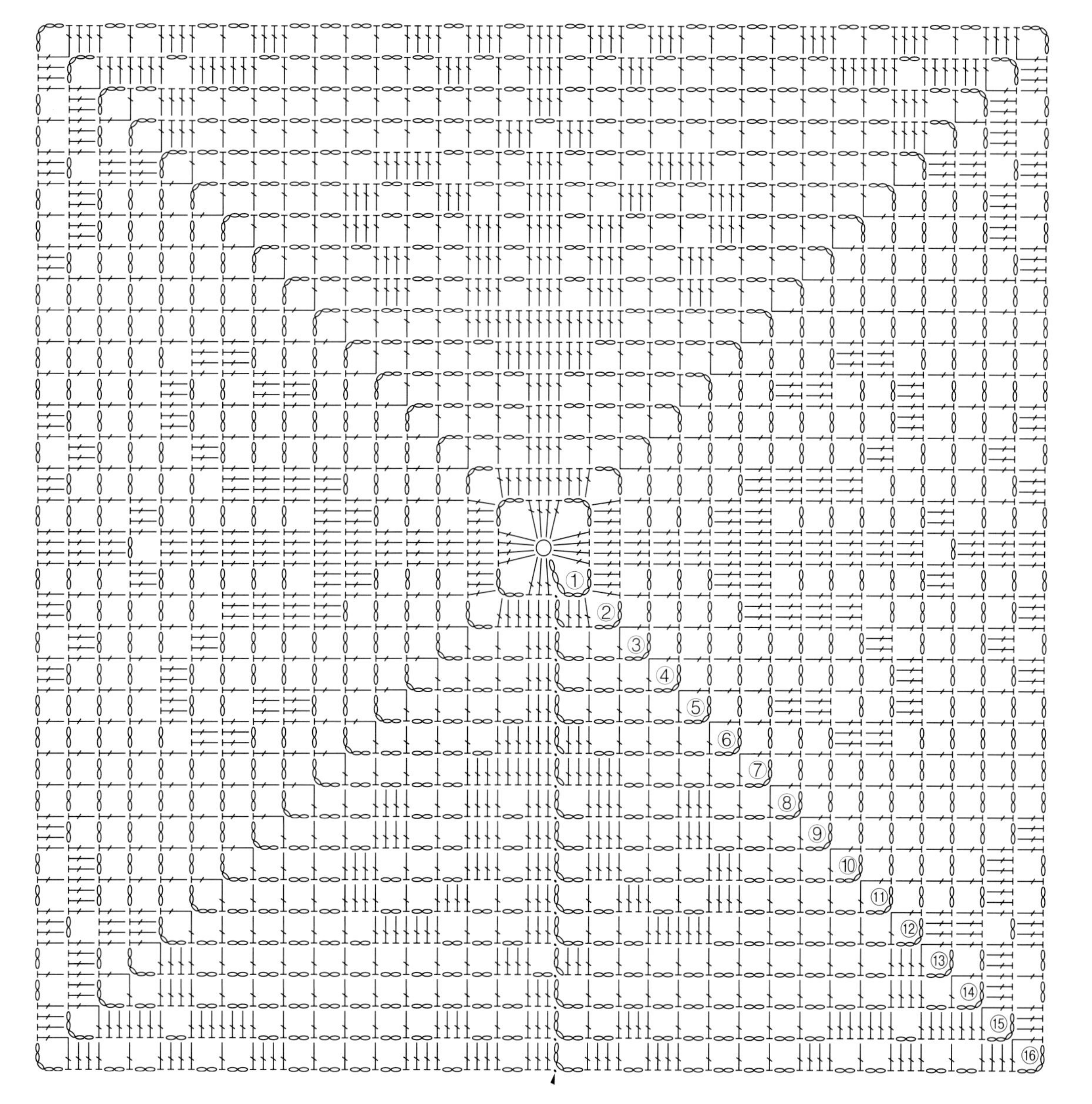

钩织方法
16
(p.15)

正方形花片

线 »
DARUMA 40号蕾丝线（5~10）

5

尺寸 » 边长13.5cm
连接花片 » p.36
钩织方法 » p.12

尺寸 » 边长12cm
钩织方法 » p.12

7

尺寸 » 边长10cm
钩织方法 » p.13

无论是钩织还是连接，正方形花片的画面感都很强。
应用在作品中也很方便，所以将许多花片连接制作成床罩也并非遥不可及。

8

尺寸 » 边长10cm
钩织方法 » p.13

9

尺寸 » 边长13cm
钩织方法 » p.13

10

尺寸 » 边长7.5cm
钩织方法 » p.13

线…
【5】DARUMA 40号蕾丝线　白色（1）
【6】DARUMA 40号蕾丝线　白色（1）
【7】DARUMA 40号蕾丝线　白色（1）
【8】DARUMA 40号蕾丝线　原白色（13）
【9】DARUMA 40号蕾丝线　原白色（13）
【10】DARUMA 40号蕾丝线　白色（1）
针…蕾丝针6号（5）、8号（除5以外）

钩织方法

5

（p.10）

钩织方法

6

（p.10）

11
10 10
10 9
10 8
10 7
6
4 8 5
3
6 6
2
6
12

= 加入狗牙针的3卷长针

► = 剪线

加入狗牙针的3卷长针

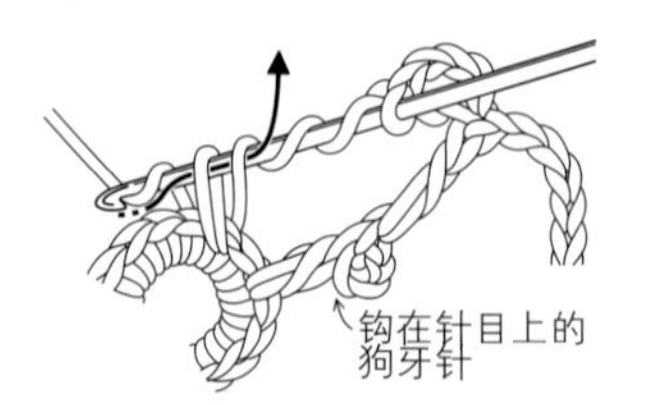

1 在针上绕3圈线（4卷长针时绕4圈线），在前一行针目里插入钩针将线拉出，引拔穿过针头的2个线圈（4卷长针时重复2次）。

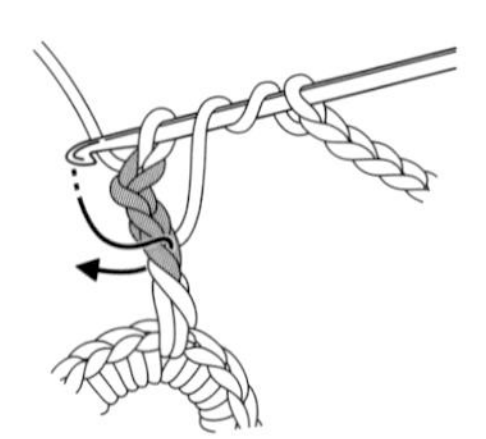

2 针上的线圈保持不动，紧接着钩4针锁针，在箭头所示位置插入钩针将线拉出。

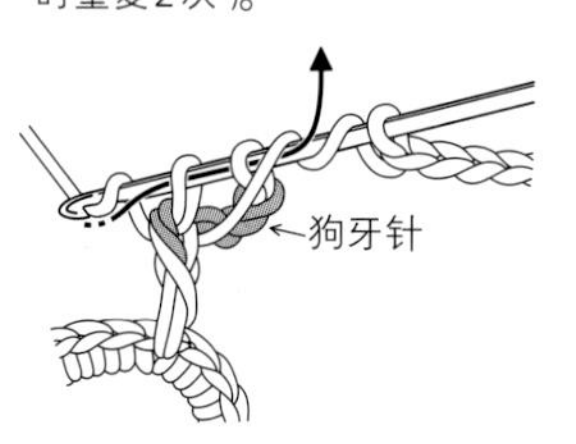

3 针头挂线，引拔穿过针上的3个线圈。

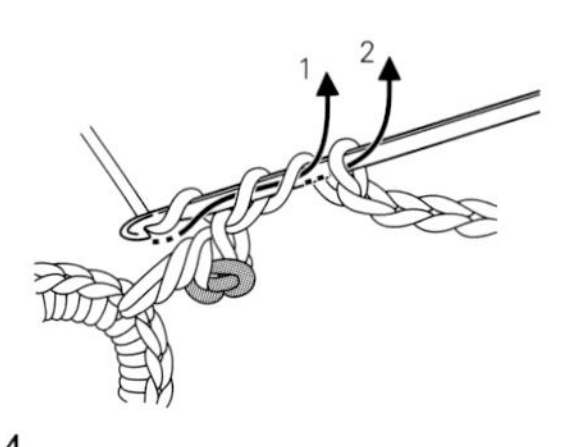

4 挂线，引拔穿过针头的2个线圈，再次引拔穿过剩下的2个线圈。

钩织方法
7
(p.10)
钩织方法
8
(p.11)
钩织方法
9
(p.11)
► =剪线
钩织方法
10
(p.11)

11

尺寸 » 边长9.5cm
钩织方法 » p.16

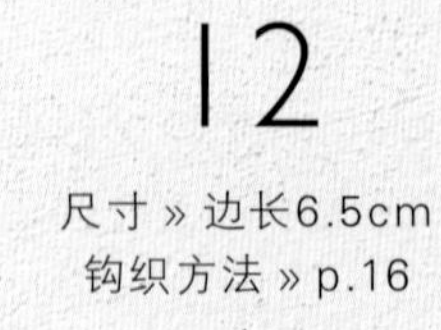

12

尺寸 » 边长6.5cm
钩织方法 » p.16

13

尺寸 » 边长7.5cm
钩织方法 » p.16

14

尺寸 » 边长9cm
连接花片 » p.37
钩织方法 » p.16

15

尺寸 » 边长5cm
连接花片 » p.37
钩织方法 » p.16

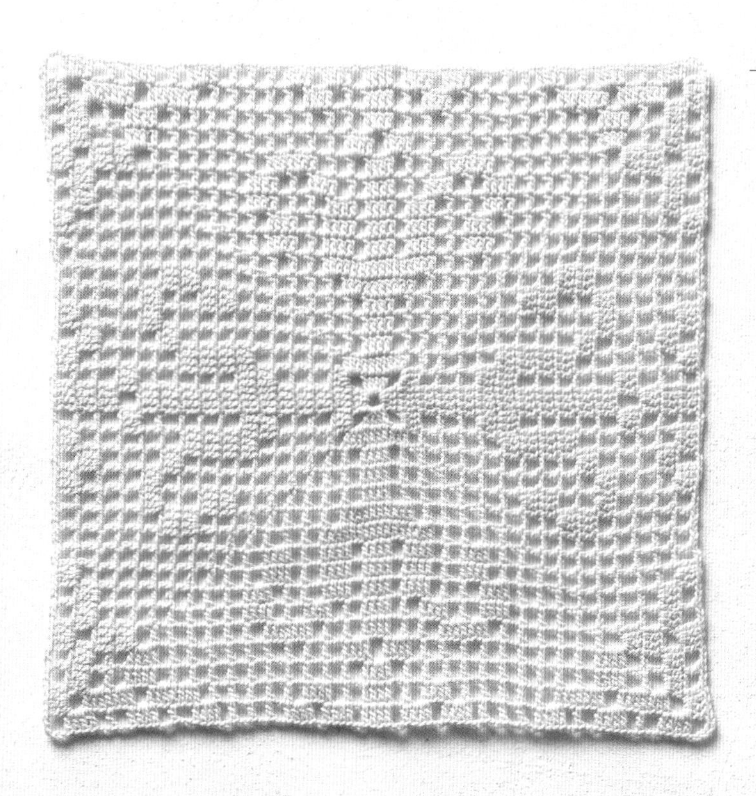

16

尺寸 » 边长17cm
钩织方法 » p.9

18

尺寸 » 边长14.5cm
钩织方法 » p.17

17

尺寸 » 边长15cm
钩织方法 » p.21

线 »
奥林巴斯 金票40号蕾丝线（11、12、13、16、17），
DARUMA 40号蕾丝线（14、15、18）

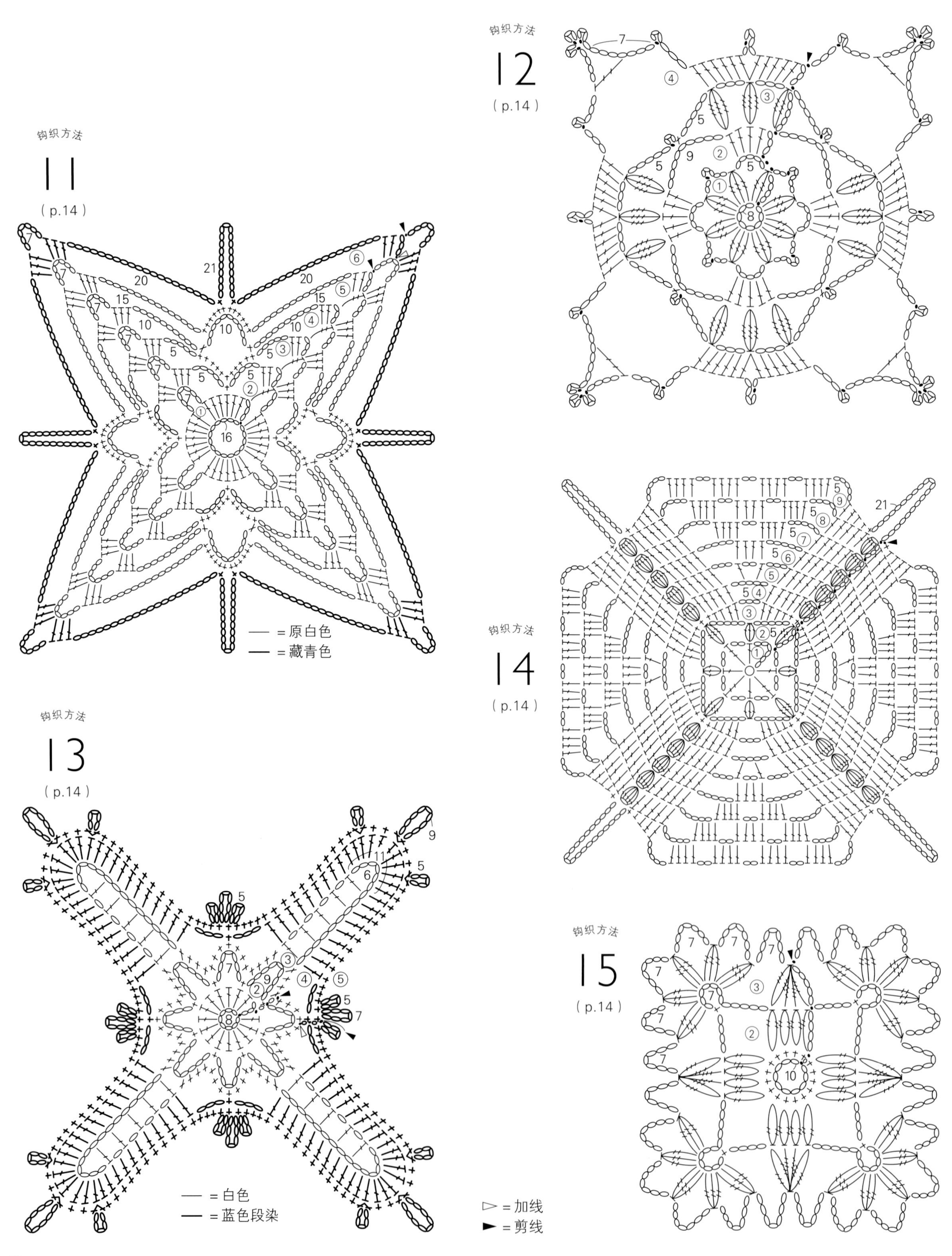
钩织方法
12
(p.14)
钩织方法
11
(p.14)
— = 原白色
— = 藏青色
钩织方法
14
(p.14)
钩织方法
13
(p.14)
— = 白色
— = 蓝色段染
▷ = 加线
► = 剪线
钩织方法
15
(p.14)

钩织方法

18

（p.15）

线…

【11】奥林巴斯 金票40号蕾丝线
原白色（731）、藏青色（335）

【12】奥林巴斯 金票40号蕾丝线
蓝色（366）

【13】奥林巴斯 金票40号蕾丝线
<段染> 蓝色段染（11）、
金票40号蕾丝线 白色（801）

【14】DARUMA 40号蕾丝线 原白色
（13）

【15】DARUMA 40号蕾丝线 原白色
（13）

【18】DARUMA 40号蕾丝线 白色（1）

【19】奥林巴斯 金票40号蕾丝线
米白色（852）

针…蕾丝针8号

钩织方法

19

（p.18）

►＝剪线

19

尺寸 » 边长12.5cm
钩织方法 » p.17

线 »
奥林巴斯 金票40号蕾丝线（19~25）

21

尺寸 » 边长8.5cm
钩织方法 » p.20

20

尺寸 » 边长12.5cm
钩织方法 » p.20

22

尺寸 » 边长11.5cm

钩织方法 » p.21

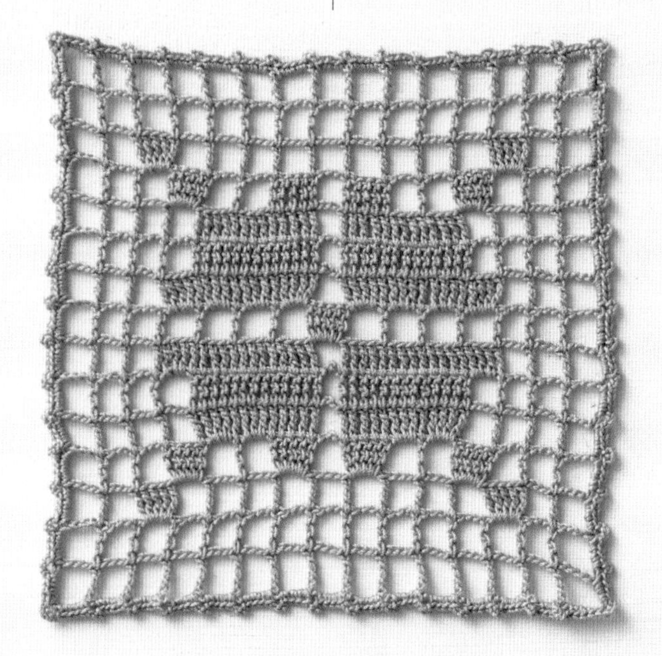

23

尺寸 » 边长11.5cm

钩织方法 » p.21

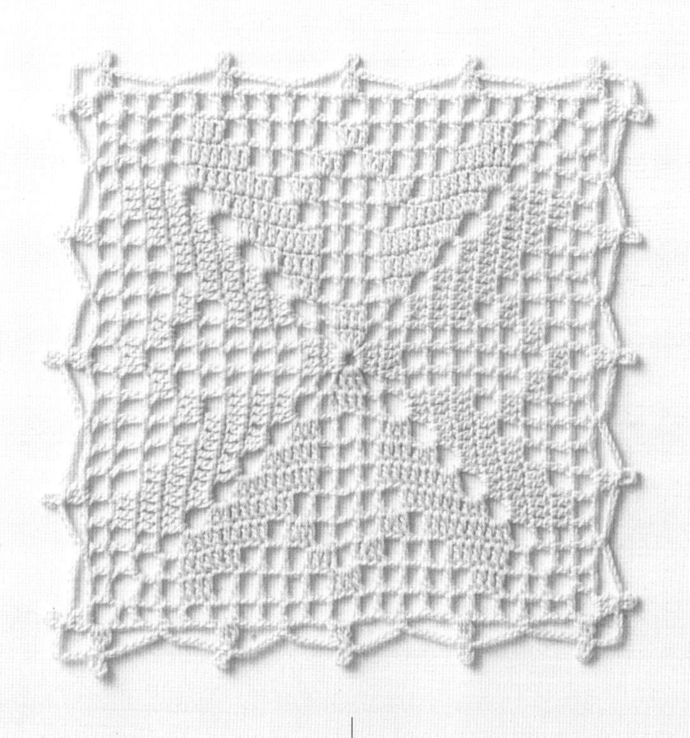

24

尺寸 » 边长11cm

钩织方法 » p.135

25

尺寸 » 边长11cm

钩织方法 » p.135

线…
【17】奥林巴斯 金票40号蕾丝线
米白色（852）
【20】奥林巴斯 金票40号蕾丝线
原白色（731）
【21】奥林巴斯 金票40号蕾丝线
白色（801）
【22】奥林巴斯 金票40号蕾丝线
米色（741）
【23】奥林巴斯 金票40号蕾丝线
米白色（852）
针…蕾丝针8号

钩织方法
21
（p.18）

钩织方法
20
（p.18）

►＝剪线

钩织方法
17
(p.15)
钩织方法
23
(p.19)
钩织方法
22
(p.19)
(61针锁针、15格)起针
►=剪线
(61针锁针、15格)起针

六角形花片

线 »
DARUMA 40号蕾丝线（26、27、28、33）
奥林巴斯 金票40号蕾丝线（29~32）

26
尺寸 » 边长8cm
钩织方法 » p.24

27
尺寸 » 边长6cm
钩织方法 » p.24

28
尺寸 » 边长6.5cm
连接花片 » p.38、39
钩织方法 » p.111

六角形往往让人想起雪花结晶和花朵。
不仅钩编起来很有规律，而且非常方便扩展，可以感受到连接花片的妙趣。

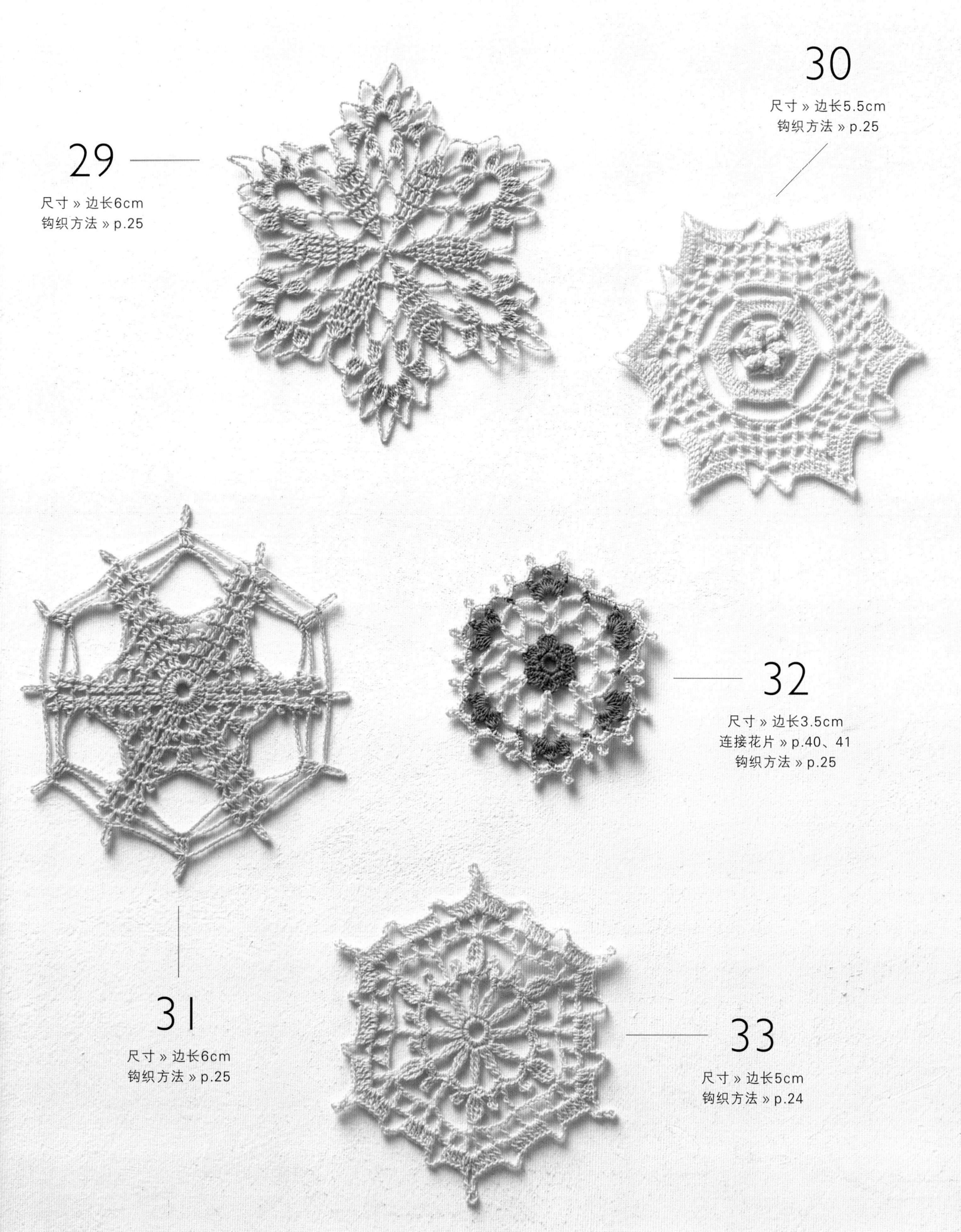

29
尺寸 » 边长6cm
钩织方法 » p.25

30
尺寸 » 边长5.5cm
钩织方法 » p.25

31
尺寸 » 边长6cm
钩织方法 » p.25

32
尺寸 » 边长3.5cm
连接花片 » p.40、41
钩织方法 » p.25

33
尺寸 » 边长5cm
钩织方法 » p.24

线…
【26】DARUMA 40号蕾丝线 白色（1）
【27】DARUMA 40号蕾丝线 原白色（13）
【29】奥林巴斯 金票40号蕾丝线
浅紫色（672）
【30】奥林巴斯 金票40号蕾丝线
米白色（852）
【31】奥林巴斯 金票40号蕾丝线
浅蓝色（361）
【32】奥林巴斯 金票40号蕾丝线
原白色（731）、蓝绿色（221）
【33】DARUMA 40号蕾丝线 原白色（13）
针…蕾丝针8号

钩织方法

26

（p.22）

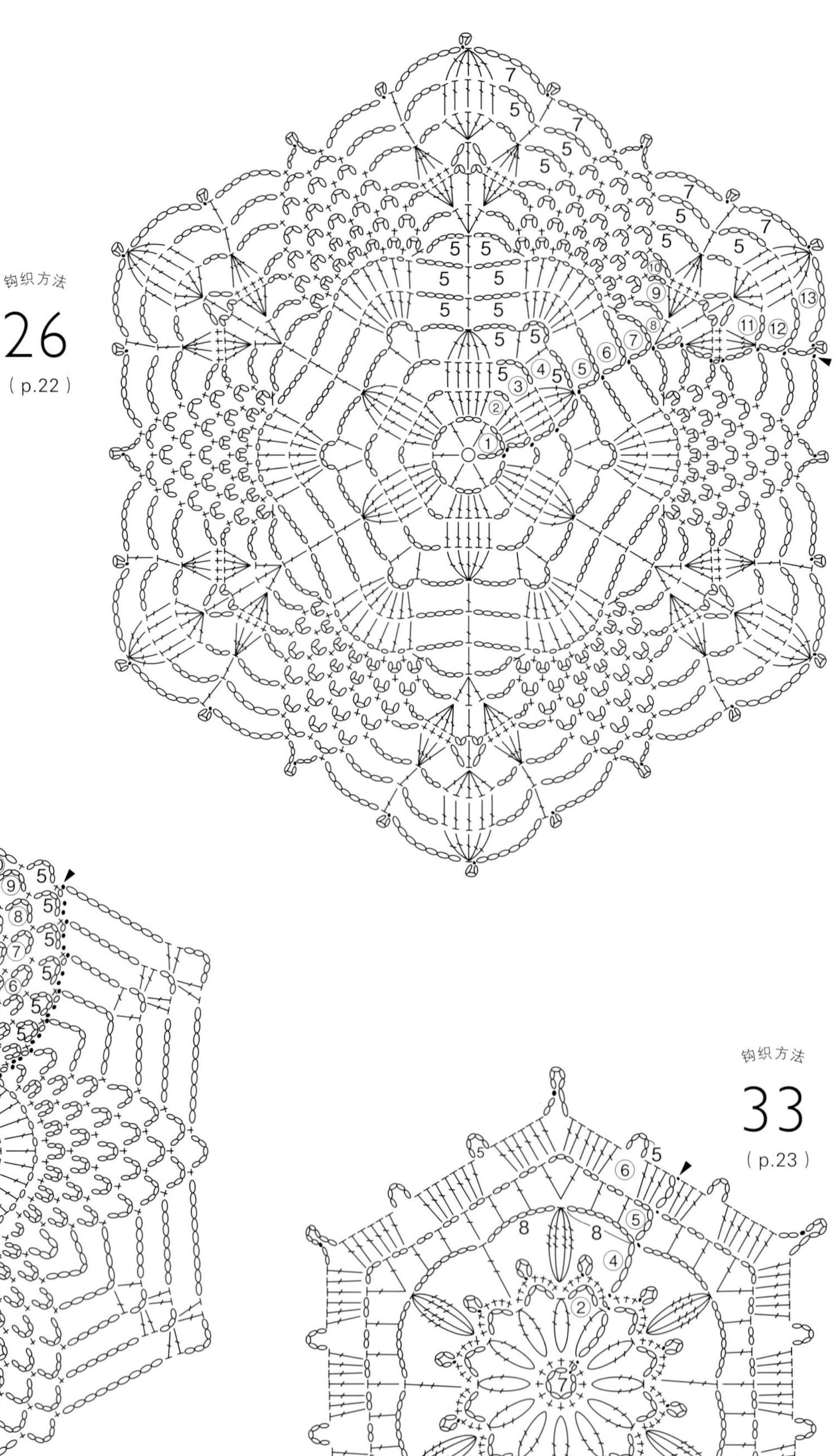

钩织方法

27

（p.22）

钩织方法

33

（p.23）

►=剪线

钩织方法
29
(p.23)
▷ =加线
► =剪线
钩织方法
30
(p.23)
钩织方法
31
(p.23)
钩织方法
32
(p.23)
— = 原白色
— = 蓝绿色

八角形花片

线 »
DARUMA 40号蕾丝线（34、35、36、39）
奥林巴斯 金票40号蕾丝线（37、38、40）

34
尺寸 » 直径16cm
钩织方法 » p.28

35
尺寸 » 直径13cm
钩织方法 » p.29

36
尺寸 » 直径13cm
钩织方法 » p.28

这些八角形花片可爱极了。
连接花片时形成的间隙也可以灵活应用，比如用小花片或拉长的狗牙针进行填充。

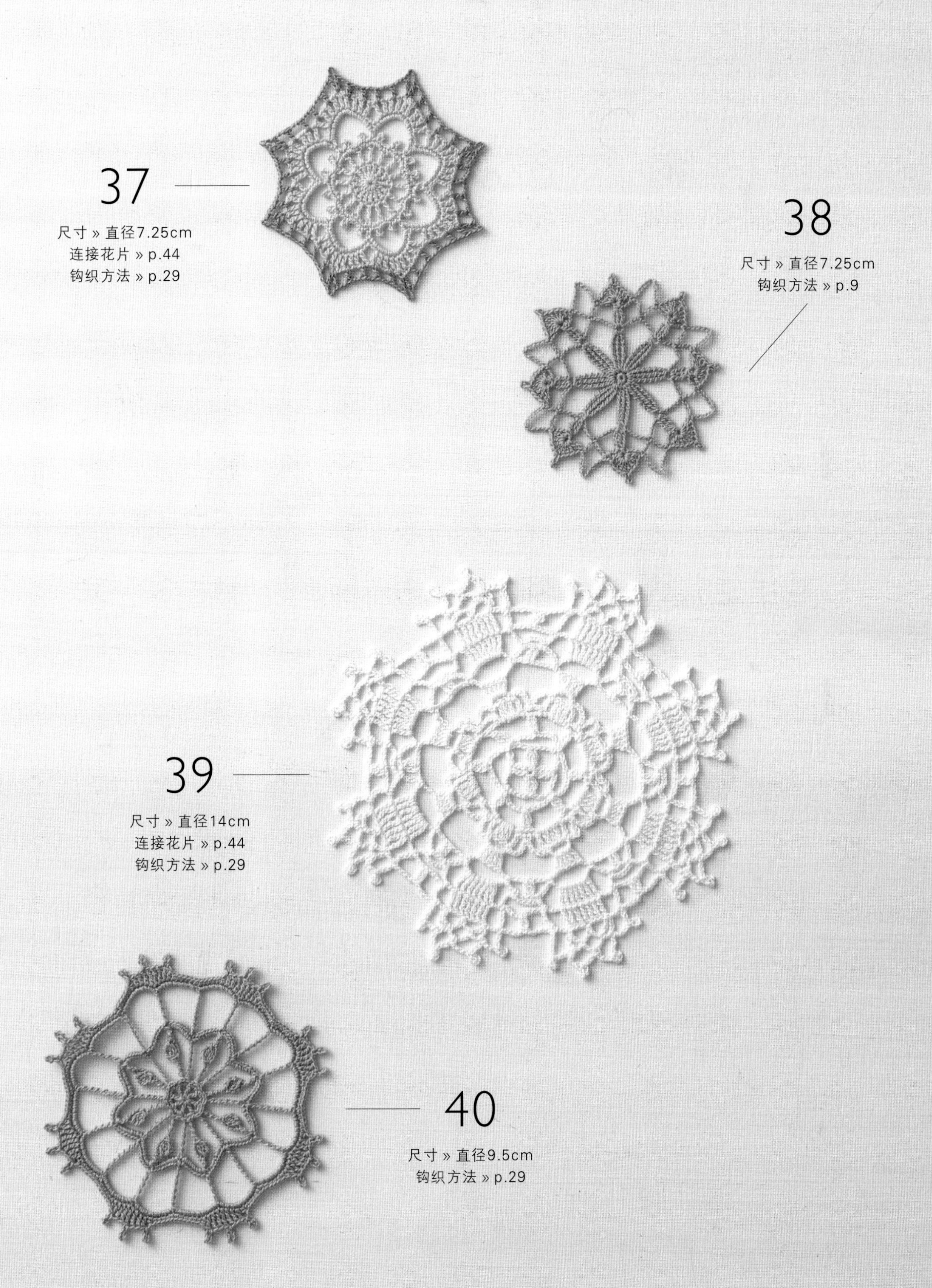

37
尺寸 » 直径7.25cm
连接花片 » p.44
钩织方法 » p.29

38
尺寸 » 直径7.25cm
钩织方法 » p.9

39
尺寸 » 直径14cm
连接花片 » p.44
钩织方法 » p.29

40
尺寸 » 直径9.5cm
钩织方法 » p.29

线…
【34】DARUMA 40号蕾丝线 原白色（13）
【35】DARUMA 40号蕾丝线 白色（1）
【36】DARUMA 40号蕾丝线 原白色（13）
【37】奥林巴斯 金票40号蕾丝线
原白色（731）、灰米色（813）
【39】DARUMA 40号蕾丝线 白色（1）
【40】奥林巴斯 金票40号蕾丝线
浅蓝色（361）
针…蕾丝针8号

钩织方法
36
（p.26）

钩织方法
34
（p.26）

►＝剪线

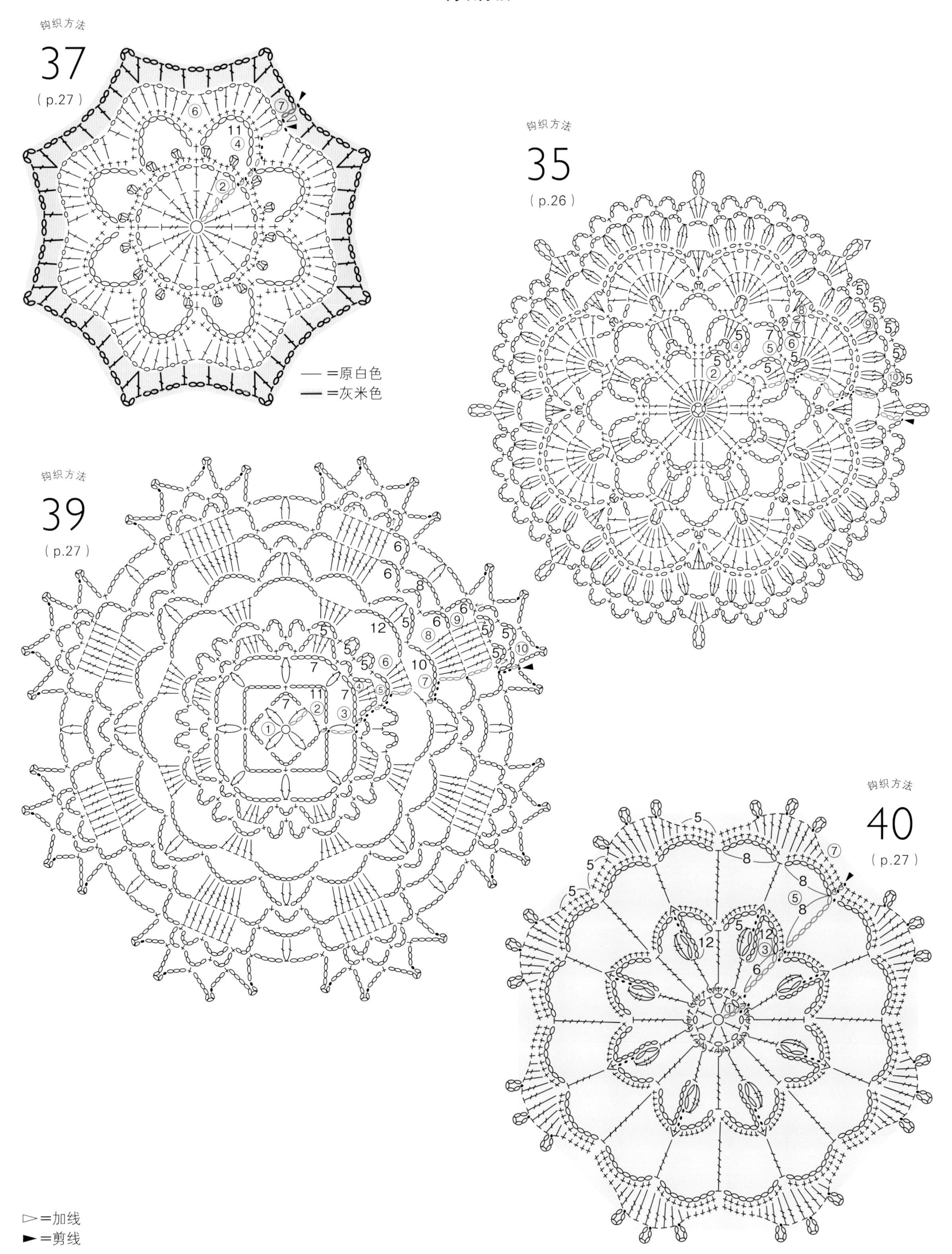

▷=加线
►=剪线

圆形花片

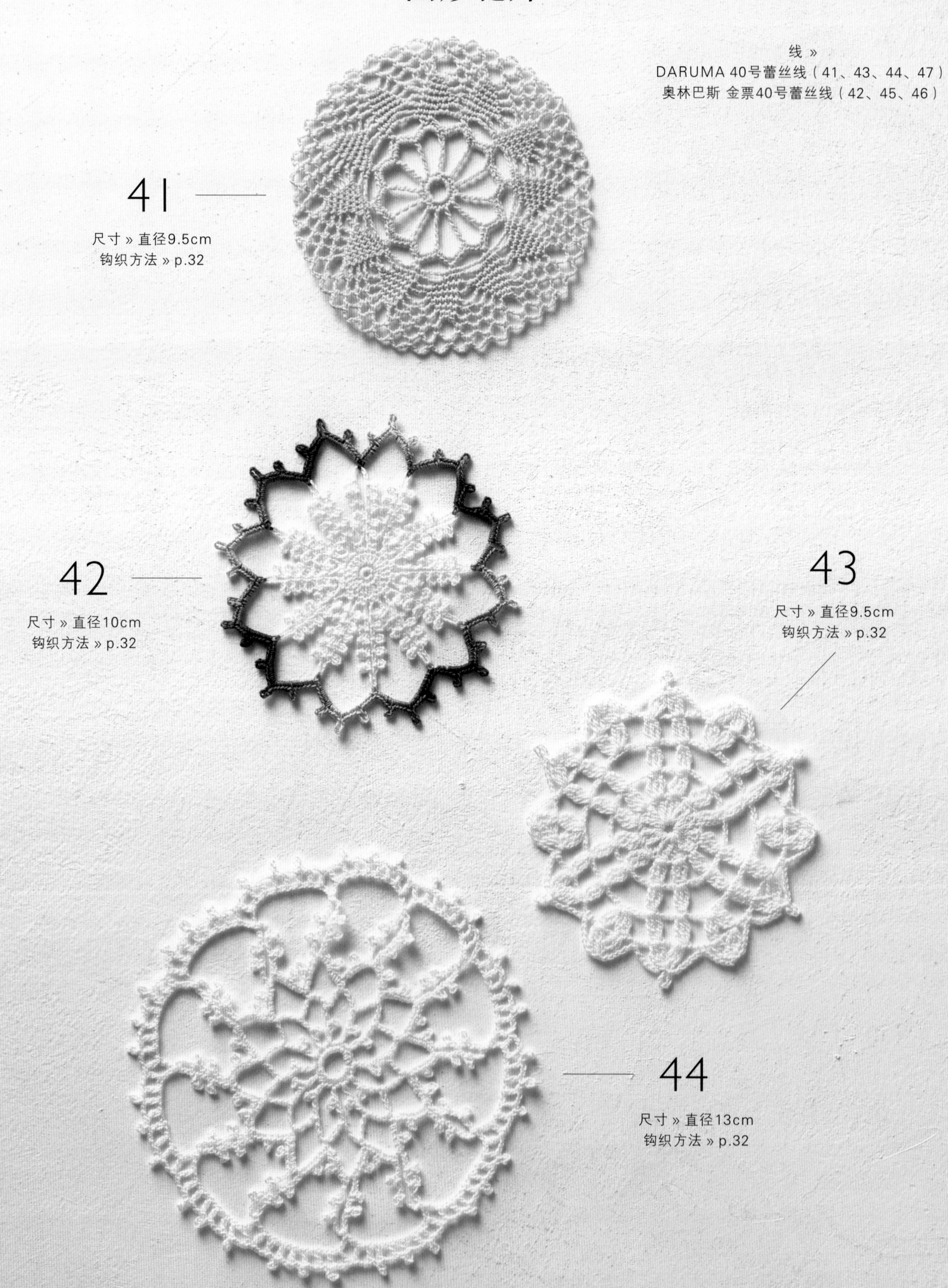

线 »
DARUMA 40号蕾丝线（41、43、44、47）
奥林巴斯 金票40号蕾丝线（42、45、46）

41
尺寸 » 直径9.5cm
钩织方法 » p.32

42
尺寸 » 直径10cm
钩织方法 » p.32

43
尺寸 » 直径9.5cm
钩织方法 » p.32

44
尺寸 » 直径13cm
钩织方法 » p.32

圆形花片可以直接用作杯垫。
或排列整齐，或相互错开，不同的连接方法呈现的视觉效果也不一样。

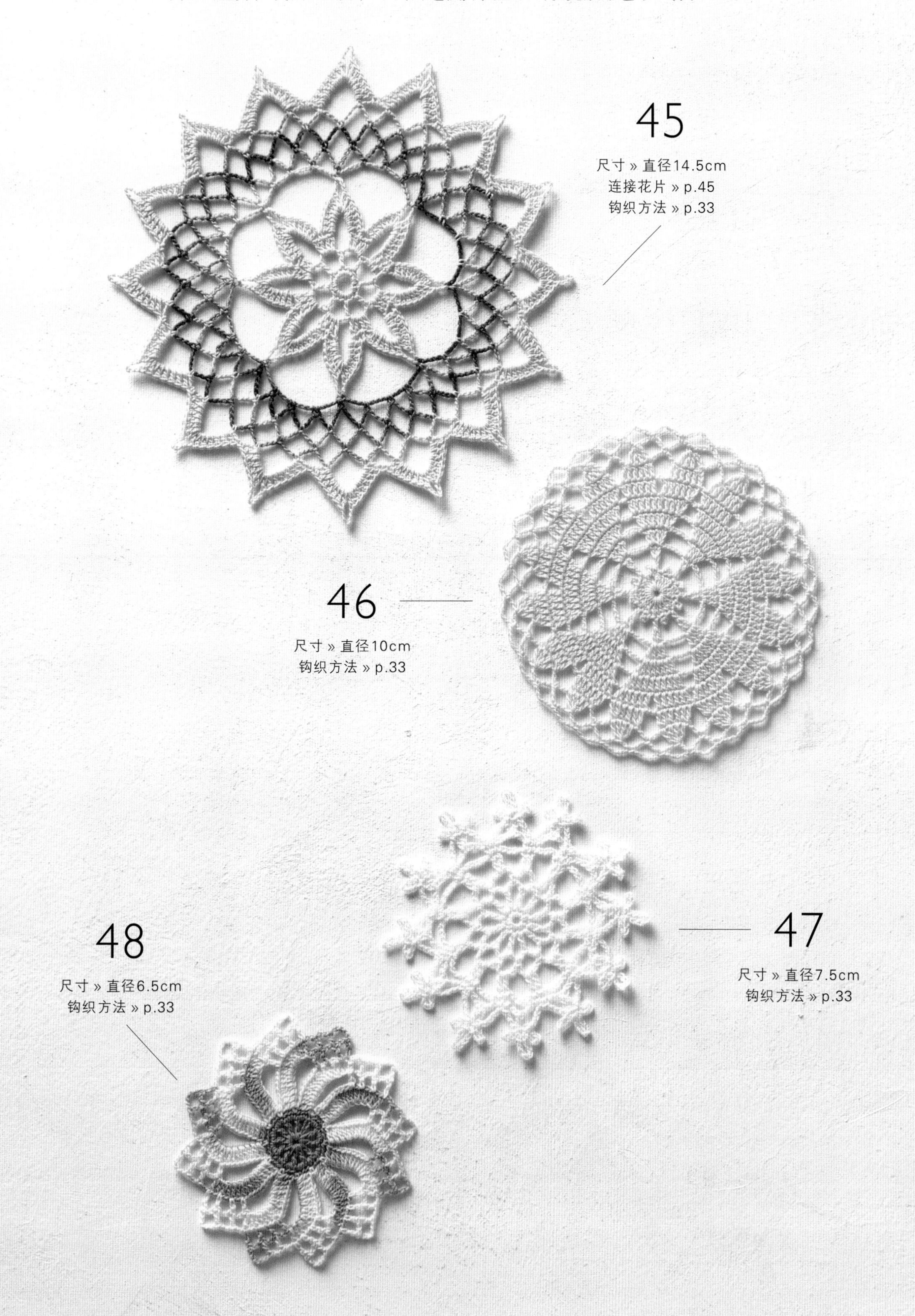

45
尺寸 » 直径14.5cm
连接花片 » p.45
钩织方法 » p.33

46
尺寸 » 直径10cm
钩织方法 » p.33

47
尺寸 » 直径7.5cm
钩织方法 » p.33

48
尺寸 » 直径6.5cm
钩织方法 » p.33

线…
【41】DARUMA 40号蕾丝线 原白色（13）
【42】奥林巴斯 金票40号蕾丝线
<段染> 蓝色段染（11）
金票40号蕾丝线 白色（801）
【43】DARUMA 40号蕾丝线 白色（1）
【44】DARUMA 40号蕾丝线 白色（1）
针…蕾丝针8号

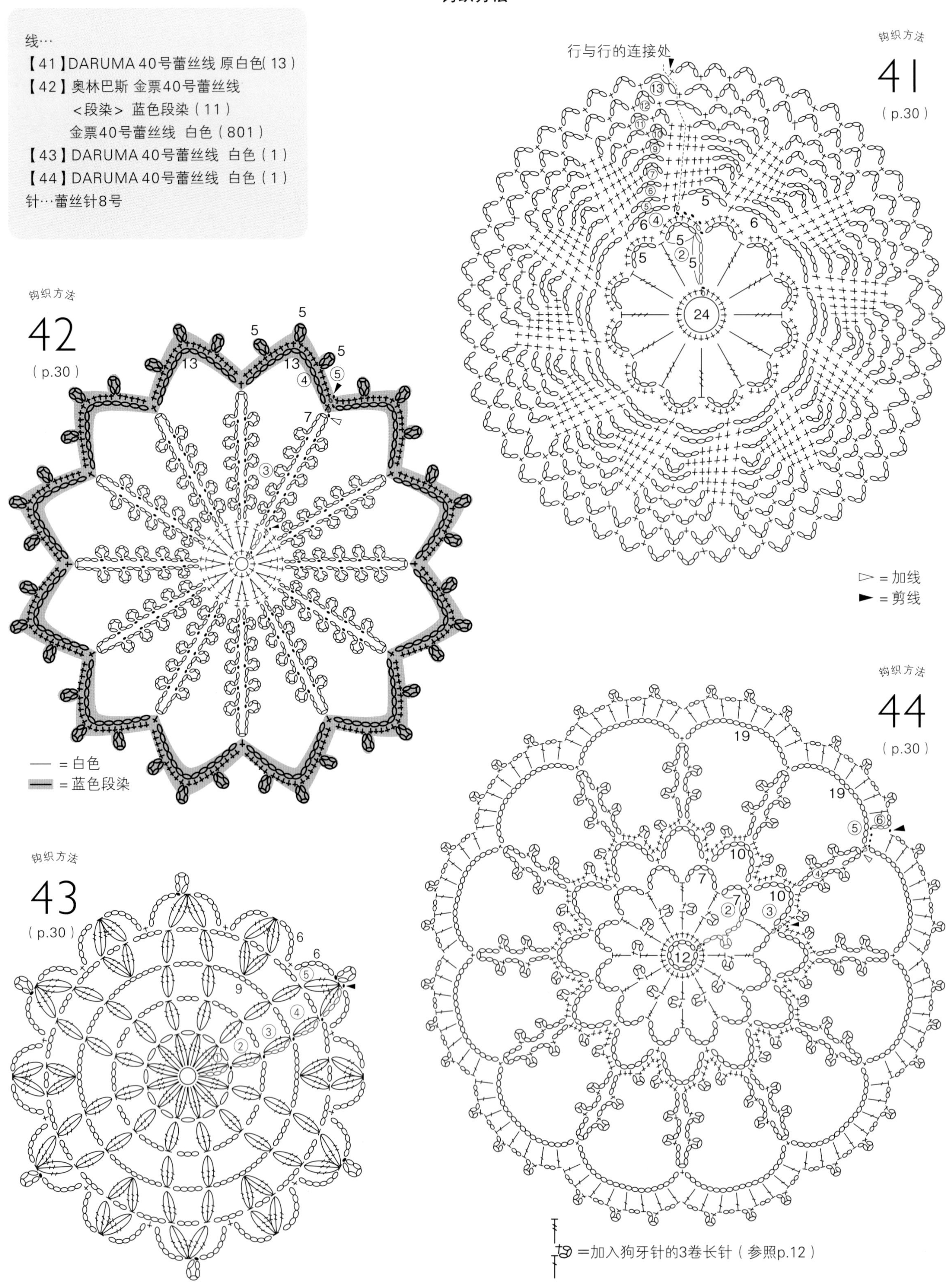

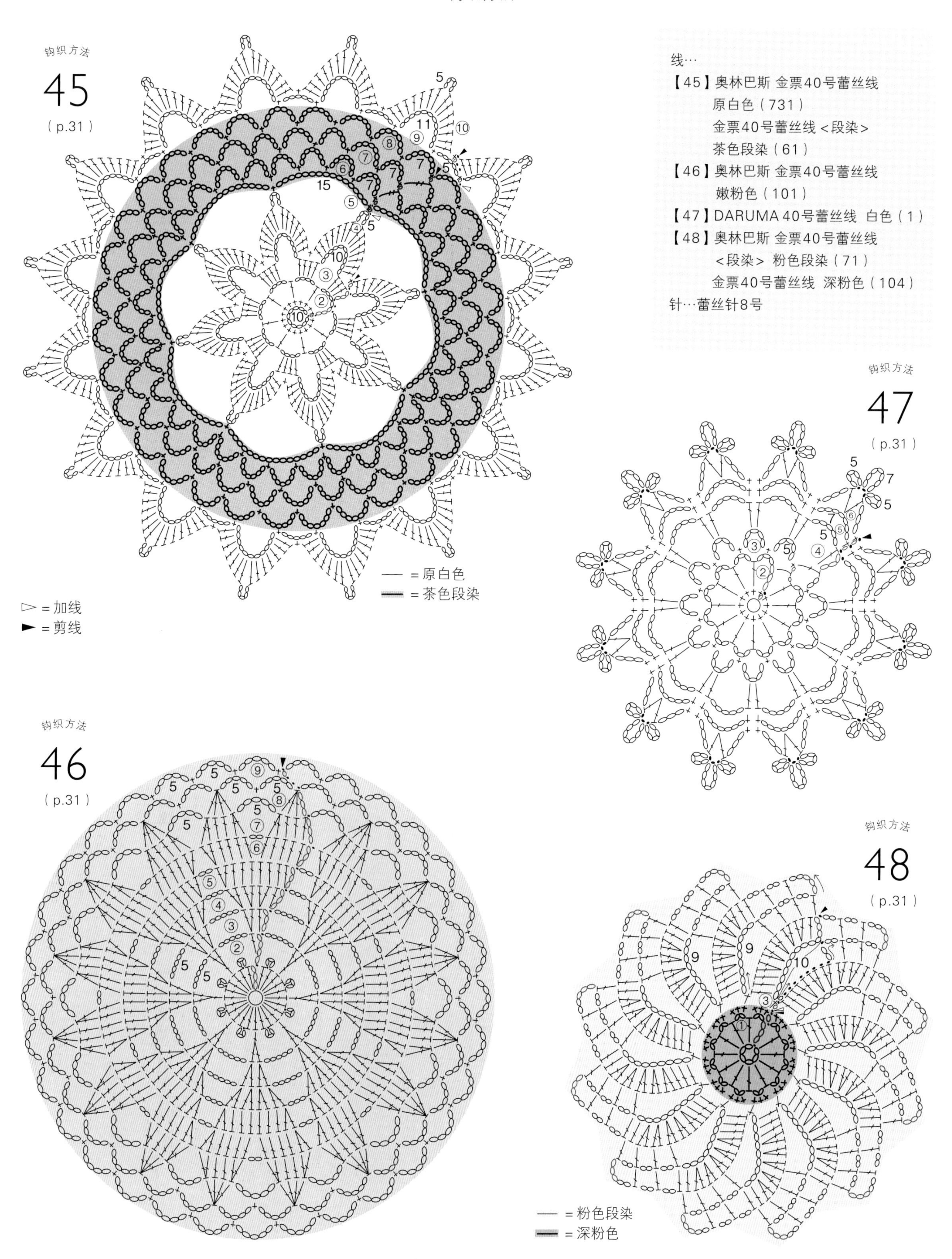

线…

【45】奥林巴斯 金票40号蕾丝线
原白色（731）
金票40号蕾丝线 <段染>
茶色段染（61）

【46】奥林巴斯 金票40号蕾丝线
嫩粉色（101）

【47】DARUMA 40号蕾丝线 白色（1）

【48】奥林巴斯 金票40号蕾丝线
<段染> 粉色段染（71）
金票40号蕾丝线 深粉色（104）

针…蕾丝针8号

Chapter
2
连接花片装饰垫

下面是前一章花片的连接方法实例。
单独一片花片和连接在一起的花片呈现出了截然不同的视觉效果。
或者加上边缘，或者用别的花片填补间隙……
各种连接方法可供大家参考使用。

保护和装饰家具是蕾丝垫的主要作用。除了铺在桌面，垂挂在椅背上也是招待客人时的传统布置方式。（作品51）

49
[花片 3]

将三角形花片组合在一起，
形成的花样宛如绽放的花朵，
与原来的花片给人的印象迥然不同。

尺寸 » 长径37cm
线 » DARUMA 40号蕾丝线
钩织方法 » p.106

50
[花片 2]

简单的花片由网格针和贝壳花样组成。
边缘使用了不同的颜色，更具时尚感。

尺寸 » 短径29cm
线 » 奥林巴斯 金票40号蕾丝线
钩织方法 » p.108、109

51
[花片 5]

加入了菠萝花样的花片真是经久不衰。
连接花片制作成雅致的沙发罩等家居饰品好像也很合适。

尺寸 » 32cm × 32cm
线 » DARUMA 40号蕾丝线
钩织方法 » p.107

52

[花片 14]

分布在对角线上的爆米花针饱满且富有个性。
边上的格纹花样连接在一起后也变成了正方形。

尺寸 » 27cm × 27cm
线 » DARUMA 40号蕾丝线
钩织方法 » p.109

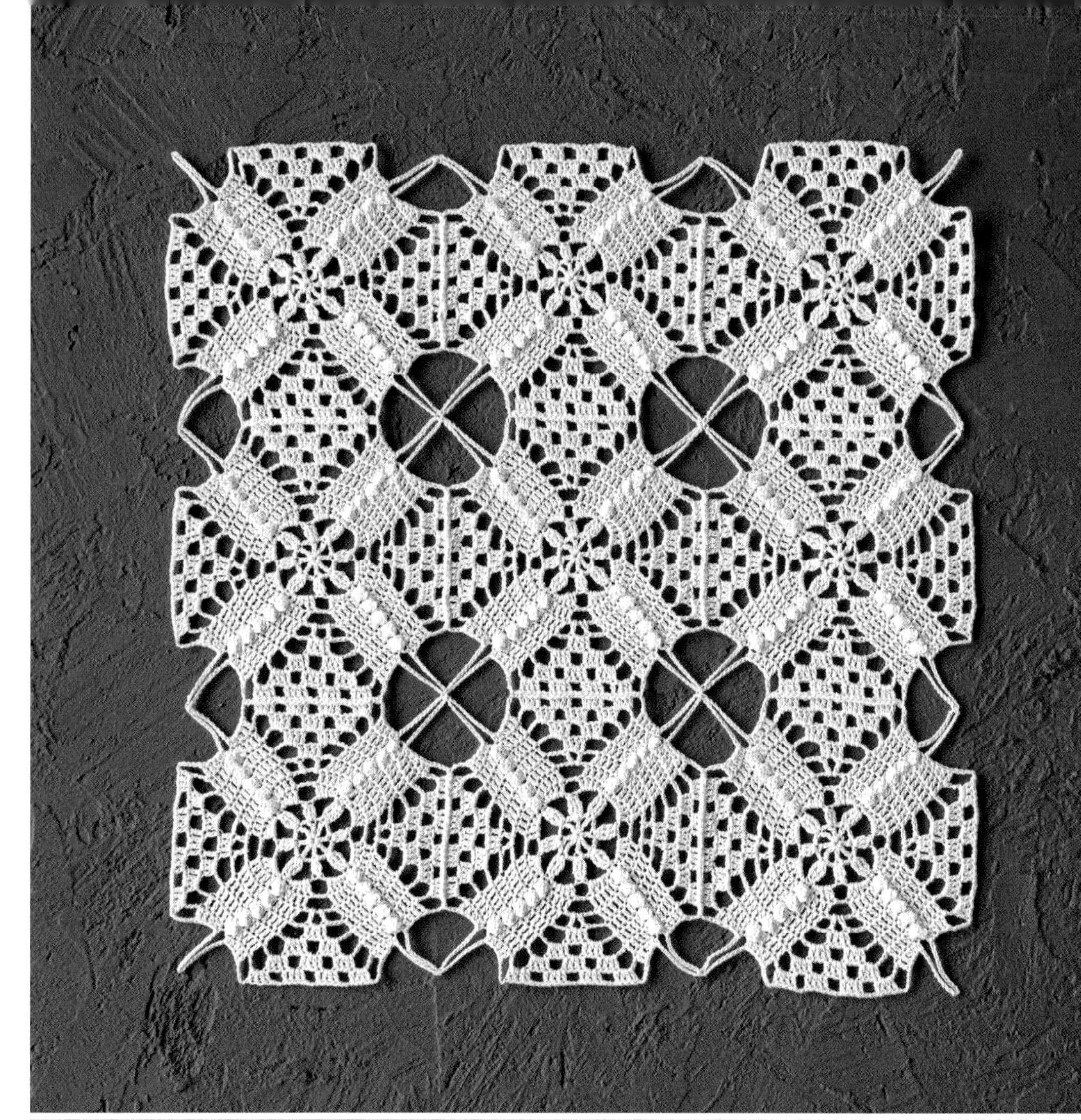

53

[花片 15]

单独1个花片既小巧又可爱。
通过连接，边缘部分形成一个个圆形花样，
给人一种欢快祥和的感觉。

尺寸 » 30cm × 30cm
线 » DARUMA 40号蕾丝线
钩织方法 » p.111

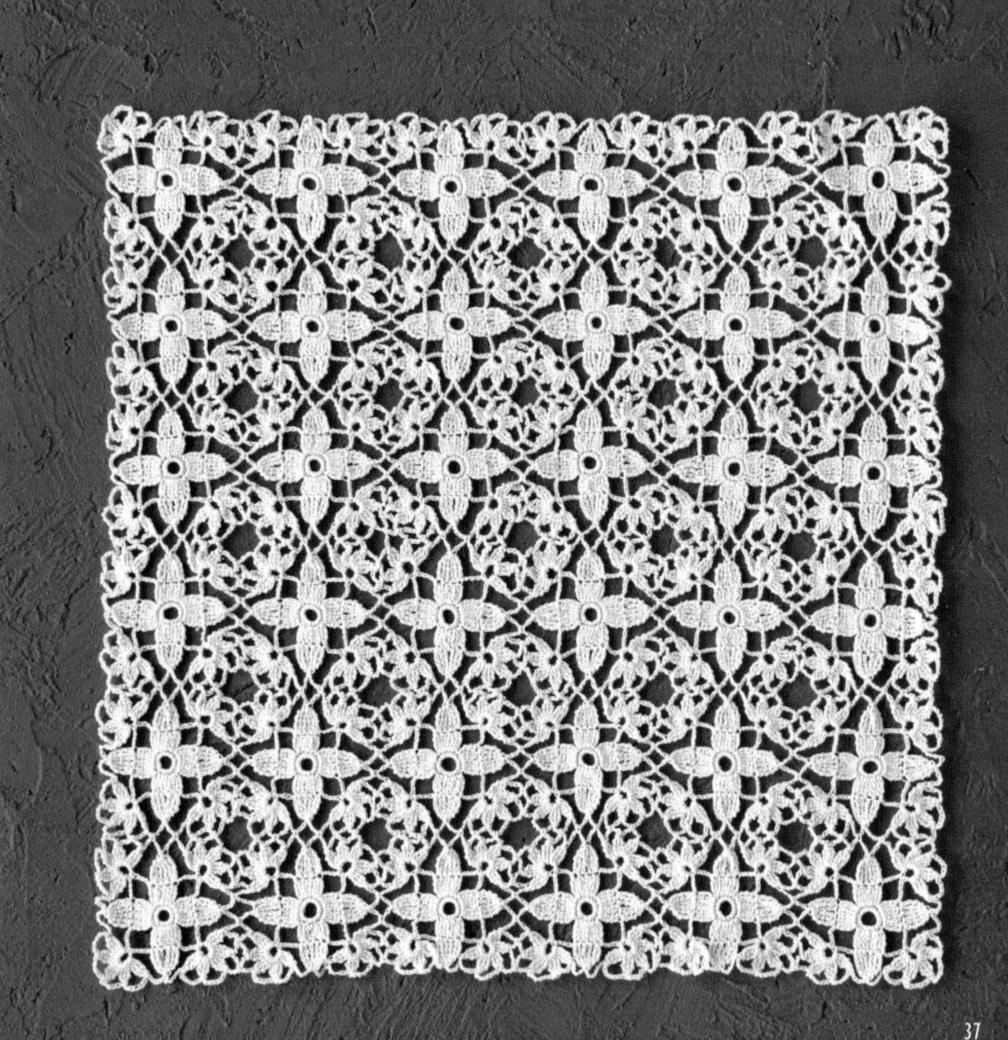

54

[花片 28]

细腻洁白的装饰垫让人想起片片雪花。
这样一款作品可以将房间装点得典雅脱俗。

尺寸 » 长径35.5cm
线 » DARUMA 40号蕾丝线
钩织方法 » p.110、111

55
[花片32]

双色编织将花样勾勒得更加清晰。
漂亮的蓝绿色搭配原白色，显得清爽明快。

尺寸 » 30cm × 32cm
线 » 奥林巴斯 金票40号蕾丝线
钩织方法 » p.47

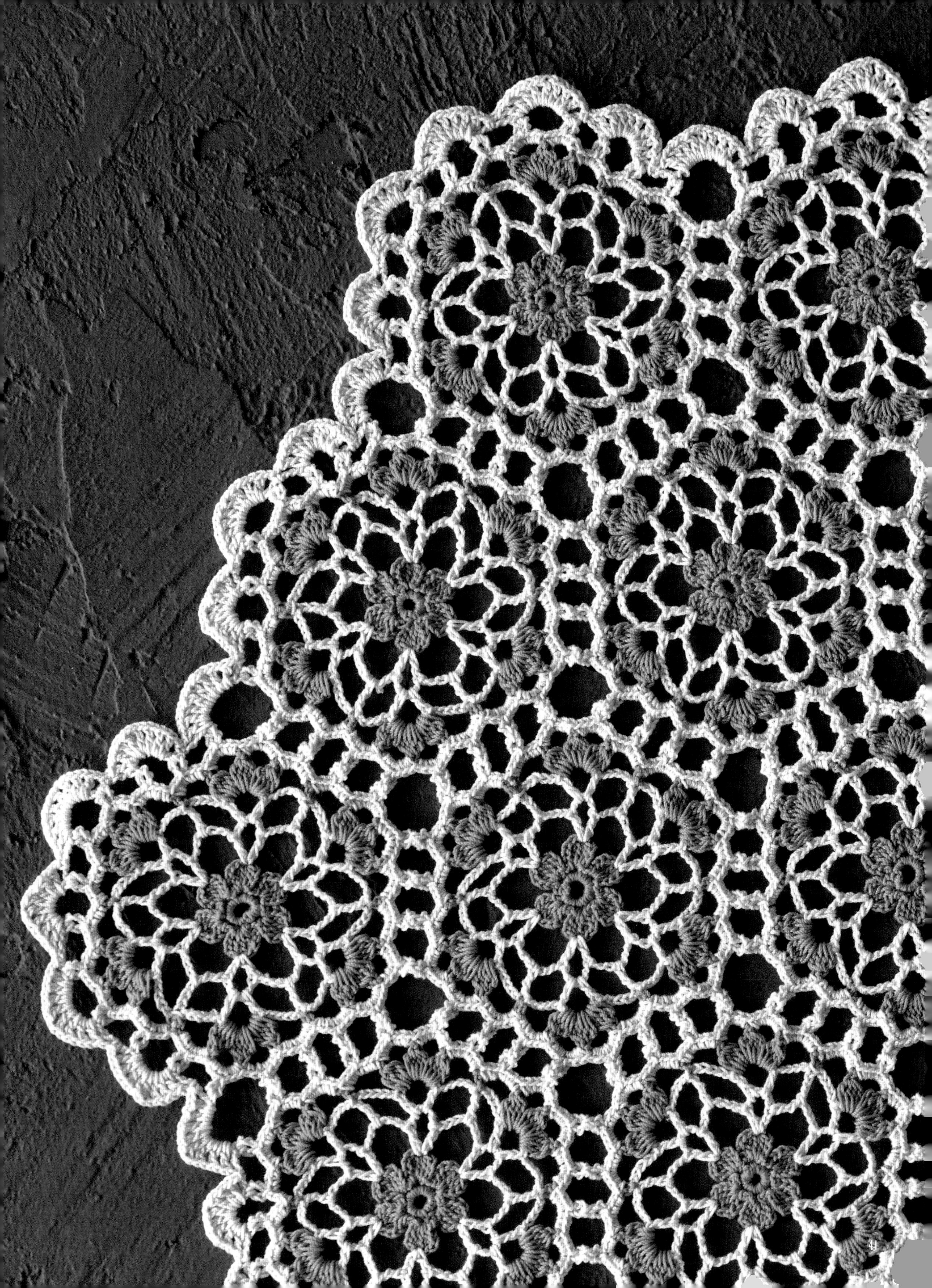

【材料和工具】

线…DARUMA 40号蕾丝线
白色（1）16g
针…蕾丝针8号

【成品尺寸】

28cm×28cm

【钩织要点】

花片（参照p.29）用线头做环形起针，立织3针锁针。在起针的线环里钩1针长针，接着重复3次"7针锁针、2针长针的枣形针"，终点先钩3针锁针，再用长长针与起点做连接。第7行和第10行的枣形针是在前一行2针锁针的半针和里山挑针，分别钩1针未完成的长针，接着针头挂线后一次性引拔。第9行7针长长针的上方要翻转花片的正、反面按符号图钩织2行，最后在长长针的头部钩织短针固定后继续钩织。
钩织第2个花片时，在最后一行用引拔针与第1个花片做连接。
中心的花片按相同要领开始钩织。第4行的终点用中长针与起点做连接。第6行的起点要钩引拔针至起立针位置。一边钩织第6行，一边用引拔针与周围花片的★标记处做连接。

钩织方法

56

（p.44）

※花片的编织图请参照 p.29（39）。

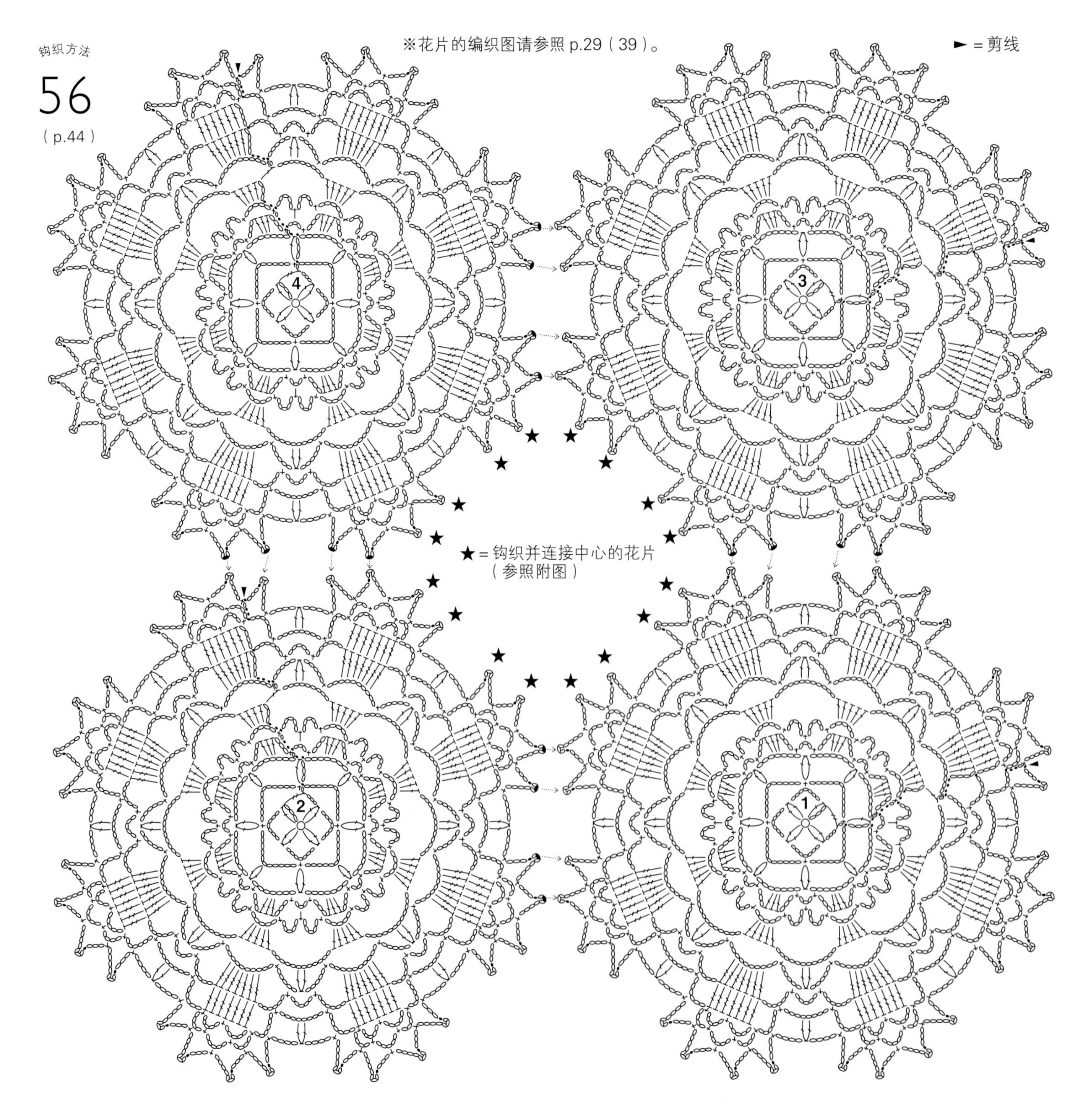

【材料和工具】

线…奥林巴斯 金票40号蕾丝线 原白色（731）18g、灰米色（813）9g

针…蕾丝针8号

【成品尺寸】

29cm×29cm

【钩织要点】

花片（参照p.29）用原白色线头做环形起针，立织4针锁针。在起针的线环里钩15针长长针。第5行的短针是在前一行的锁针上整段挑针钩织，尽量均匀一点，不要露出里面的锁针。第6行的起点要钩引拔针至起立针位置。第7行在指定位置加入灰米色线，钩织1圈长针和锁针。

钩织第2个花片时，在最后一行用短针与第1个花片做连接。

中心的花片用线头做环形起针，重复钩织“1针长长针、2针锁针”。在第2行的4个位置与周围的花片做连接。

※花片的编织图请参照 p.29（37）。

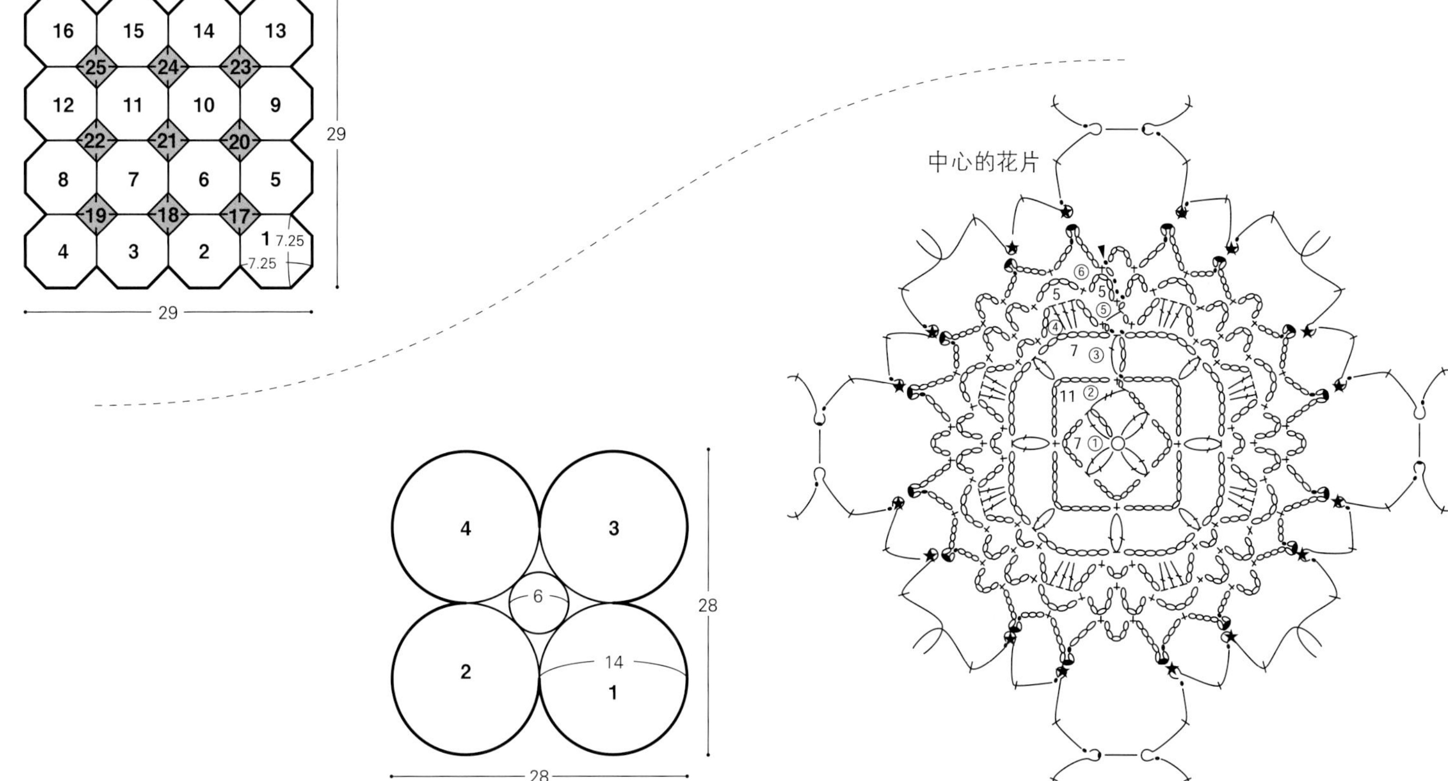

*本书编织图中未加单位的数字均以厘米（cm）为单位

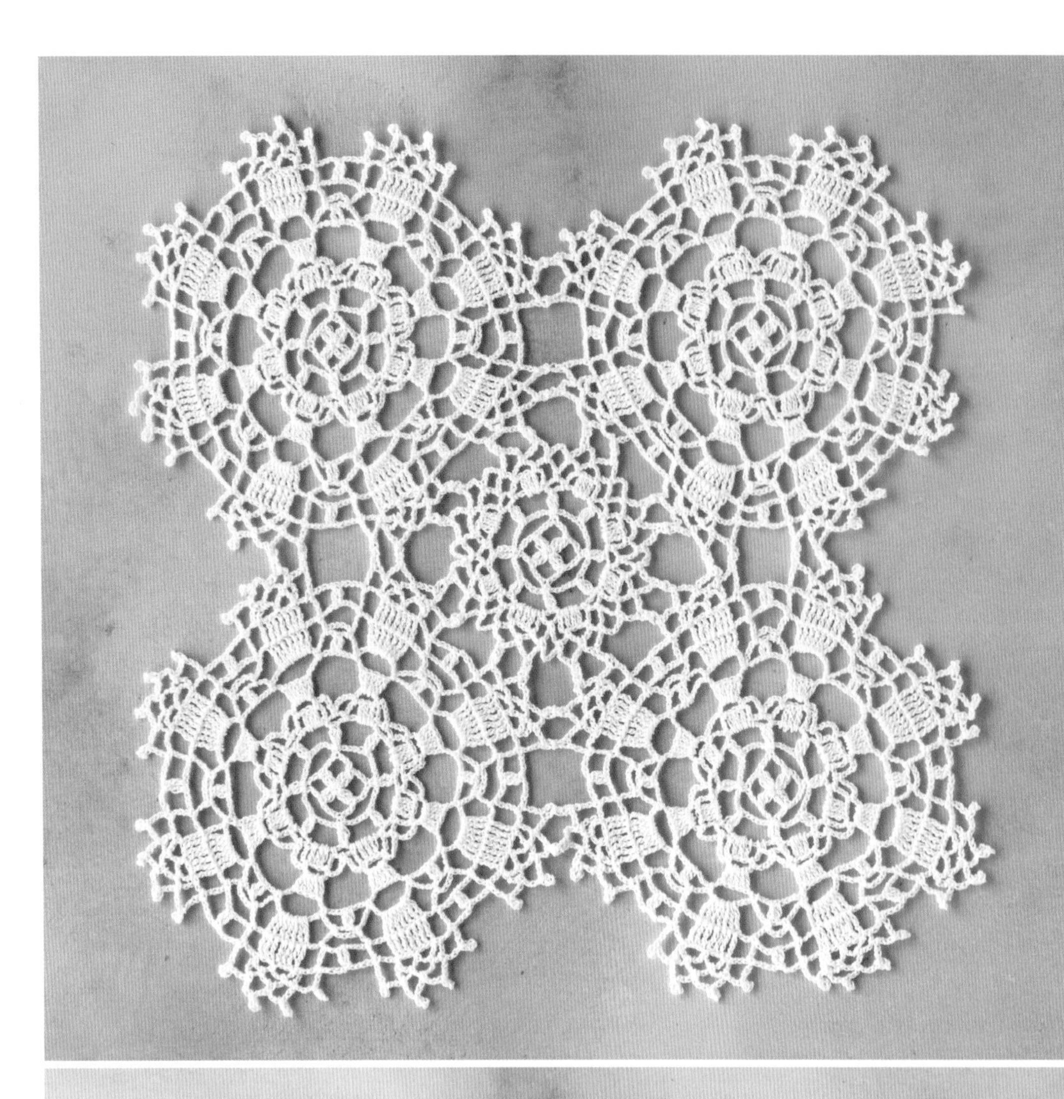

56
[花片 39]

花片的外围装饰了一圈小花篮，
煞是可爱。
连接4个花片后的中心部位再用花片
进行填充。

尺寸 » 28cm × 28cm
线 » DARUMA 40号蕾丝线
钩织方法 » p.42、43

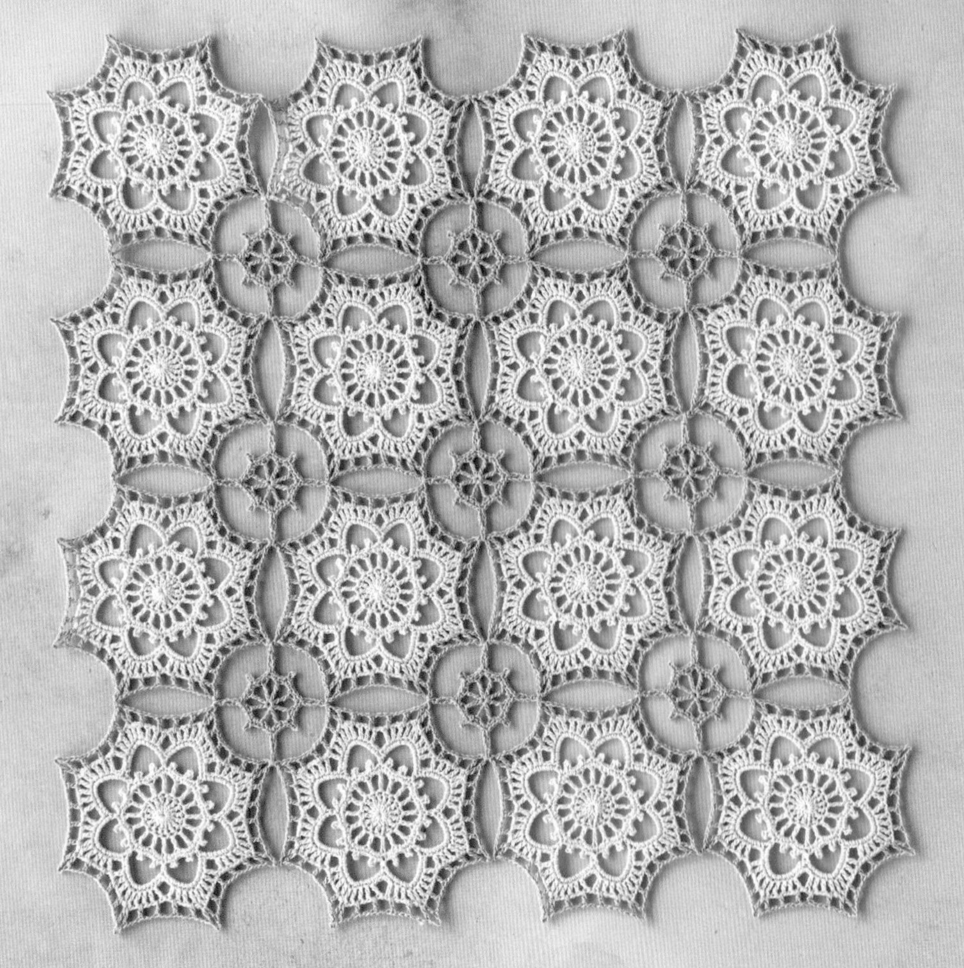

57
[花片 37]

原白色和灰米色搭配起来十分素净。
就像柔美雅致的彩绘玻璃一样，
装饰在窗边效果非同一般。

尺寸 » 29cm × 29cm
线 » 奥林巴斯 金票40号蕾丝线
钩织方法 » p.43

58

[花片 45]

这款花片将原白色的大花朵镶嵌在了茶色段染的边框里。
将众多花片连接制作成床罩也一定非常精美。

尺寸 » 29cm × 29cm
线 » 奥林巴斯 金票40号蕾丝线
钩织方法 » p.46、47

【材料和工具】

线…奥林巴斯 金票40号蕾丝线 原白色（731）12g、金票40号蕾丝线<段染> 茶色段染（61）4g
针…蕾丝针8号

【成品尺寸】

29cm×29cm

【钩织要点】

花片（参照p.33）钩10针锁针连接成环形起针，立织1针锁针。在起针的线环里钩16针短针。第4行的长针是在前一行的锁针上整段挑针均匀地钩织，短针是在前一行的第2针和第3针长针之间挑针钩织。剪断原白色线，加入茶色段染线钩织第5~8行。网格针部分的短针是在前一行的锁针上整段挑针钩织。行与行的连接处先钩织锁针，再用长长针与起点做连接。第9行和第10行用原白色线钩织。
钩织第2个花片时，在最后一行用引拔针与第1个花片做连接。按此要领一共钩织4个花片。中心的花片用原白色线钩织主体花片的前4行，并在第4行与主体花片做连接。

钩织方法

58

（p.45）

※花片的编织图请参照 p.33（45）。

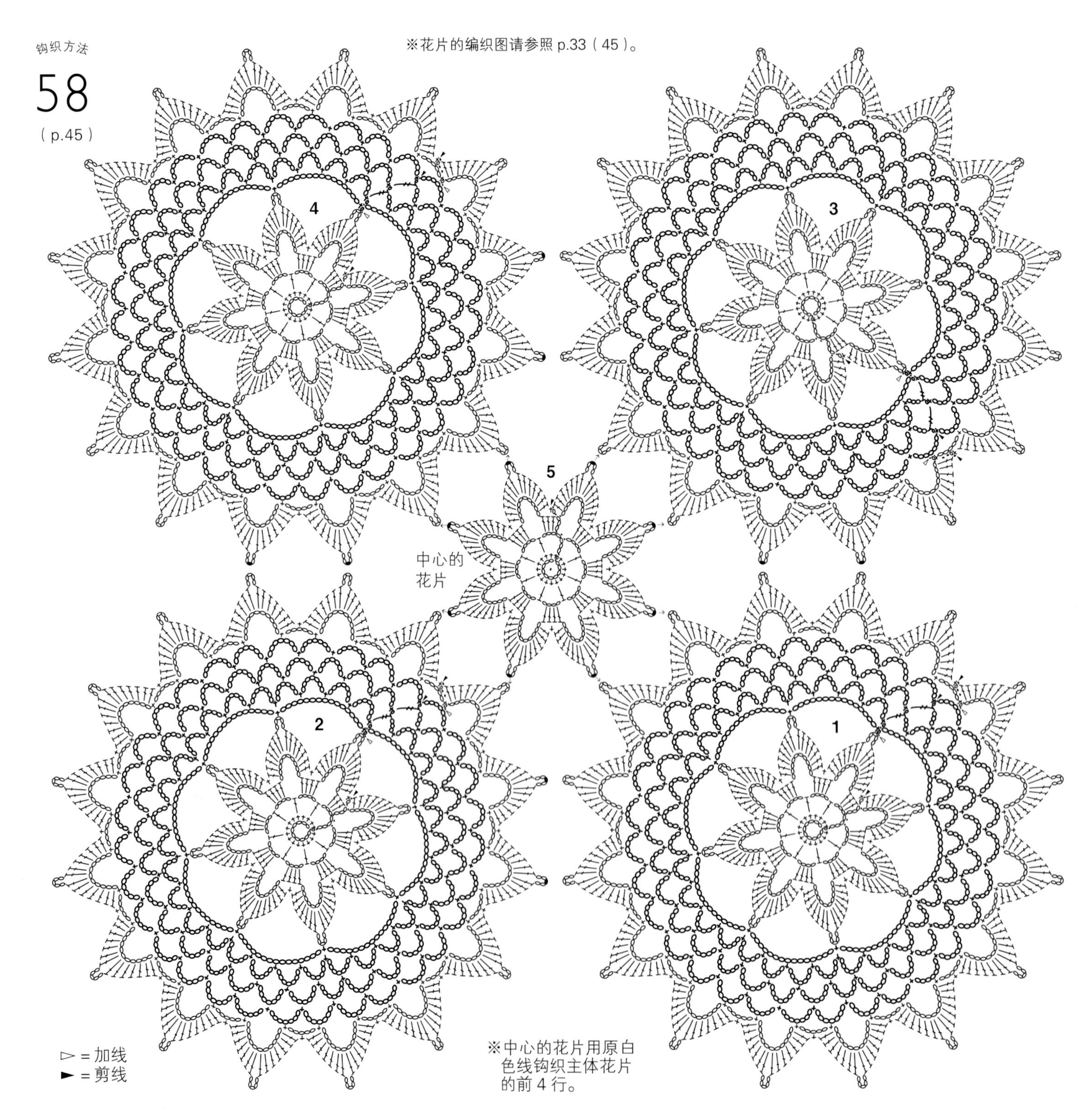

【材料和工具】

线…奥林巴斯 金票40号蕾丝线 原白色（731）12g、蓝绿色（221）12g

针…蕾丝针8号

【成品尺寸】

30cm×32cm

【钩织要点】

花片（参照p.25）用蓝绿色线钩8针锁针连接成环形起针，立织1针锁针。在起针的线环里钩12针短针。第2行在前一行的1针短针里钩织“1针引拔针、3针锁针、3针长针、3针锁针、1针引拔针”，在下一个短针里引拔后再重复钩织“~”部分的针法，最后在起点位置引拔后将线剪断。加入原白色线钩织第3行和第4行，不要断线，换成蓝绿色线。第5行的“4针长针的枣形针”是在前一行的锁针上整段挑针钩织。第6行将第4行暂停钩织的原白色线拉上来继续钩织。

钩织第2个花片时，在最后一行用引拔针与第1个花片做连接。连接19个花片后，在指定位置加入原白色线钩织边缘。

钩织方法

55

（p.40）

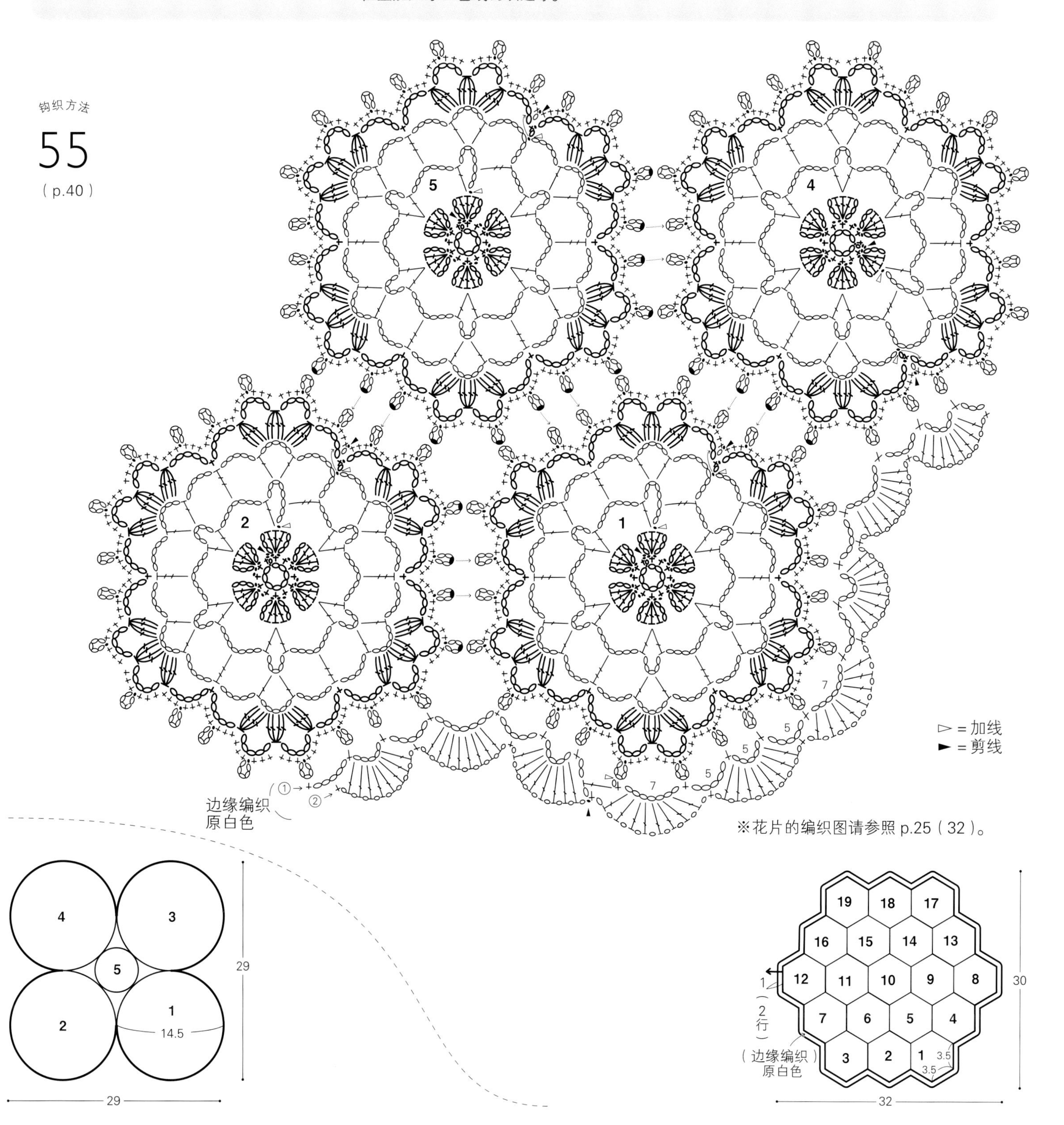

※花片的编织图请参照 p.25（32）。

Chapter

3

菠萝花样装饰垫

高贵华丽的花形正是菠萝花样的魅力所在。
一般是在长针基础上钩织小山形状的网格针，
再在外边缘钩织贝壳针与之搭配。
除此之外，菠萝花样还可以演绎出各种不同的变化。

可以盖在果盘或点心盒上。在日常生活中只要加一点蕾丝元素，便能感受到优雅的氛围，真是不可思议。（作品66）

59

中心部分是可爱的花朵，
外围是华丽的菠萝花样，
纤细的网格针将两者连接在了一起。

尺寸 » 直径29cm
线 » 奥林巴斯 金票40号蕾丝线
钩织方法 » p.134

60

菠萝花样的排列自然有序，
呈现出大朵花形的独特魅力。

尺寸 » 直径40cm
线 » 奥林巴斯 金票40号蕾丝线
钩织方法 » p.50、51

钩织方法

60

（p.49）

钩织方法

【材料和工具】

线…奥林巴斯 金票40号蕾丝线 白色（801）30g

针…蕾丝针8号

【成品尺寸】

直径40cm

【钩织要点】

钩6针锁针连接成环形起针，立织6针锁针，然后钩1针4卷长针。接着在起针的线环里重复钩织“7针锁针、2针4卷长针的枣形针”，终点先钩3针锁针，再用长长针与起点做连接。网格针部分是在前一行的锁针上整段挑针钩织。3卷长针请参照p.141钩织。接下来按符号图钩织，注意第25行的长针是在前一行锁针的半针和里山挑针钩织。第28行的短针是在前一行的锁针上整段挑针钩织，尽量均匀一点，不要露出里面的锁针。

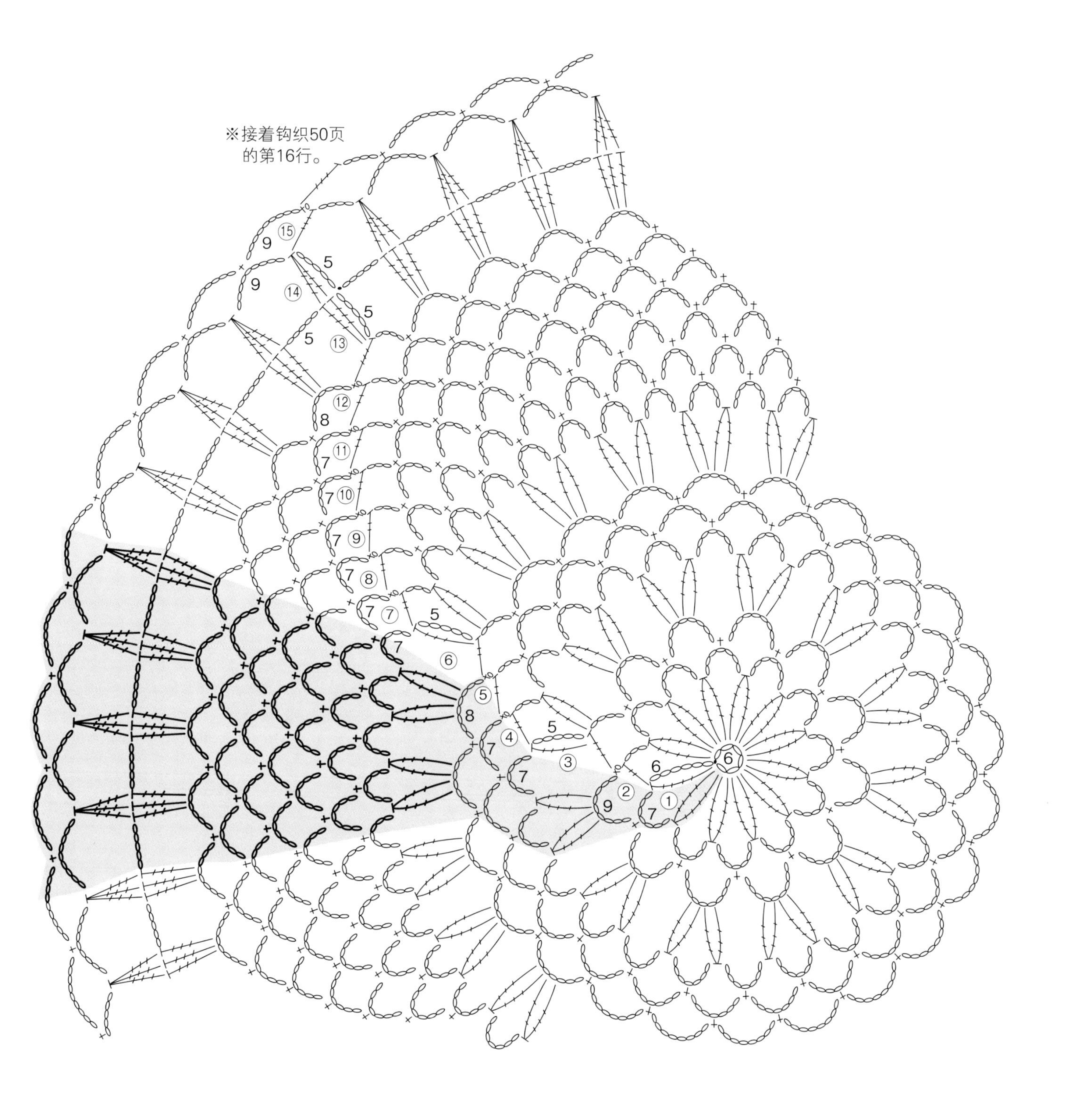

61

这是一款素既朴又充满怀旧感的蕾丝垫。
因为是基础款式，初学者也完全可以胜任。

尺寸 » 直径34cm
线 » 奥林巴斯 金票40号蕾丝线
钩织方法 » p.54

62

两两相依的菠萝花样煞是可爱。
酷似风车的造型别有一番情趣。

尺寸 » 直径27cm
线 » 奥林巴斯 金票40号蕾丝线
钩织方法 » p.55

【材料和工具】

线…奥林巴斯 金票40号蕾丝线 白色（801）25g
针…蕾丝针8号

【成品尺寸】

直径34cm

【钩织要点】

钩6针锁针连接成环形起针，立织3针锁针。在起针的线环里钩15针长针。第2行的终点以及网格针部分各行的连接处都是先钩锁针，再用长针与起点做连接。第5行起点的长针是在前一行终点的长针上整段挑针钩织。第10行的起点要钩引拔针至起立针处。从第21行开始，一片一片地往返钩织花瓣。第32行在中途钩锁针和短针向前返回一次，再接着钩织后面的长针。第33行的枣形针是在前一行的2条锁针上整段挑针钩织。第34行在指定位置加线钩织1圈。

钩织方法

61

（p.52）

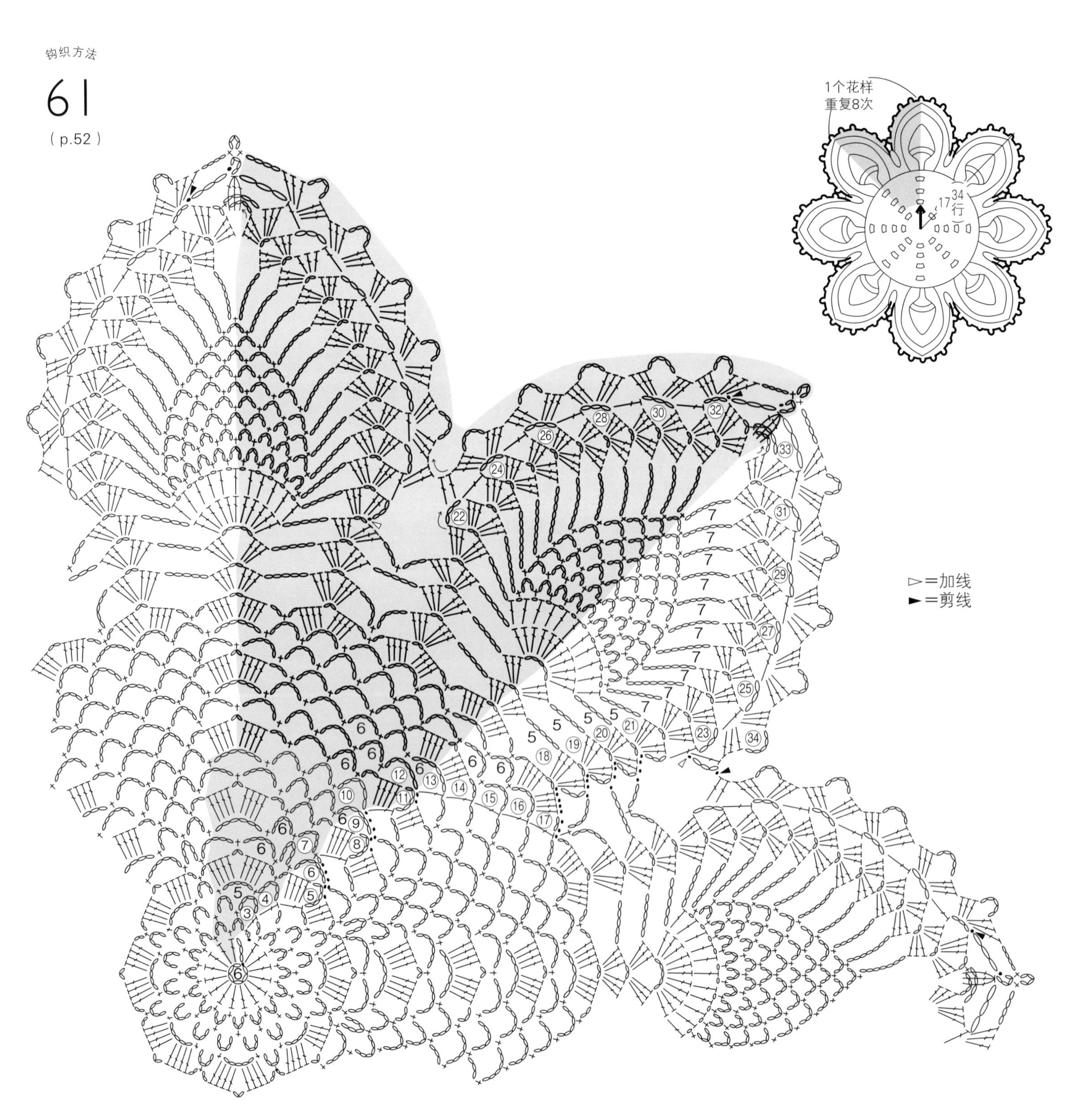

【材料和工具】

线…奥林巴斯 金票40号蕾丝线 原白色（731）15g

针…蕾丝针8号

【成品尺寸】

直径27cm

【钩织要点】

用线头做环形起针，立织3针锁针。在起针的线环里钩23针长针。第2行重复钩织“3针锁针、1针长针”。接下来按符号图钩织，注意第9行的起点要钩引拔针至起立针处。从第16行开始做往返钩织。

钩织方法

62

（p.53）

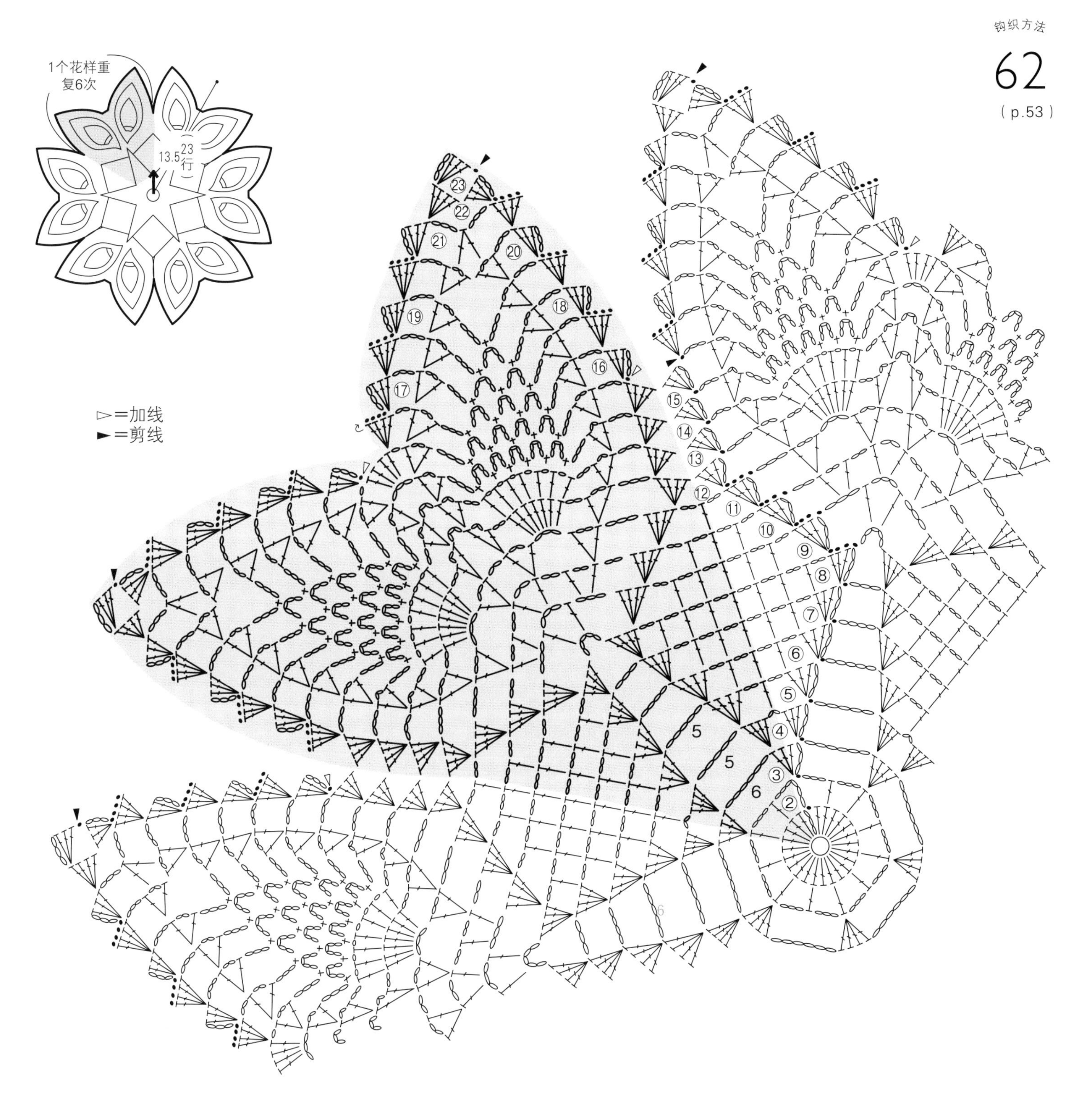

63

这款设计兼具现代感和古典美，
最适合用于初夏的下午茶时光了。

尺寸 » 28cm × 28cm
线 » 奥林巴斯 金票40号蕾丝线
钩织方法 » p.112

64

在中心部分及边缘细密地钩织短针和
枣形针，
更加凸显了菠萝花样的精美。

尺寸 » 直径34cm
线 » 奥林巴斯 金票40号蕾丝线
钩织方法 » p.58、59

这是一款八角形的装饰垫，
枣形针形成的线条清晰明了。
招待客人时，可以营造出清新雅致的氛围。

尺寸 » 直径37cm
线 » 奥林巴斯 金票40号蕾丝线
钩织方法 » p.133

钩织方法

64

(p.57)

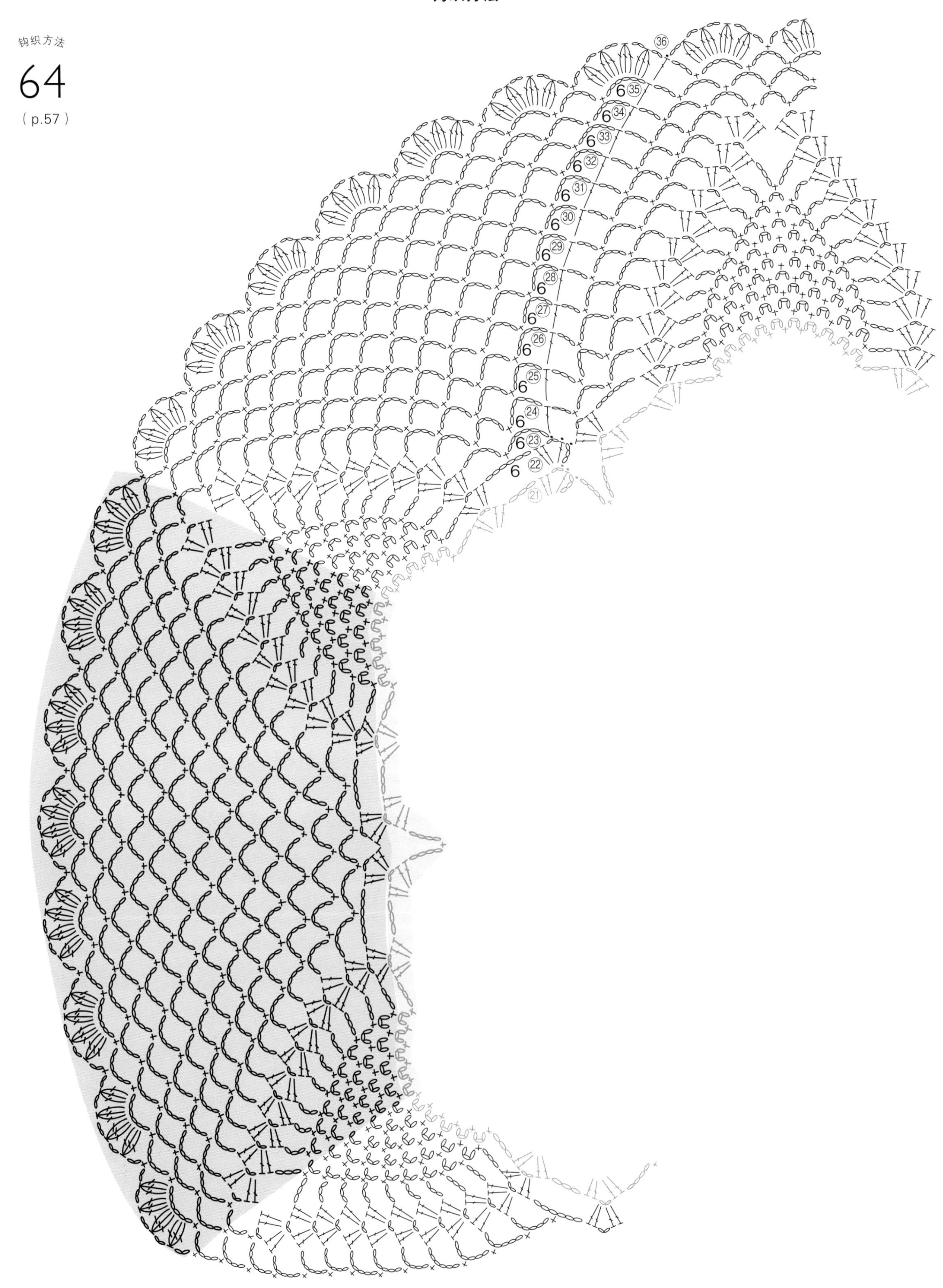

【材料和工具】

线…奥林巴斯 金票40号蕾丝线 原白色（731）30g

针…蕾丝针8号

【成品尺寸】

直径34cm

【钩织要点】

钩6针锁针连接成环形起针，立织3针锁针，再钩2针锁针。在起针的线环里重复钩织“1针长针、2针锁针”。第3行的起点要钩引拔针至起立针处。4针长针的枣形针是在前一行的锁针上整段挑针钩织。第4行的短针是在前一行的锁针上整段挑针钩织，尽量均匀一点，不要露出里面的锁针。接下来按符号图继续钩织。从第23行开始，网格针部分各行的连接处先钩锁针，再用长针与起点做连接。

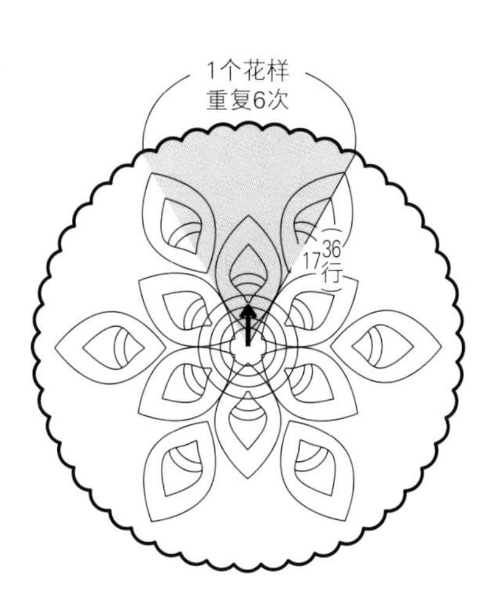

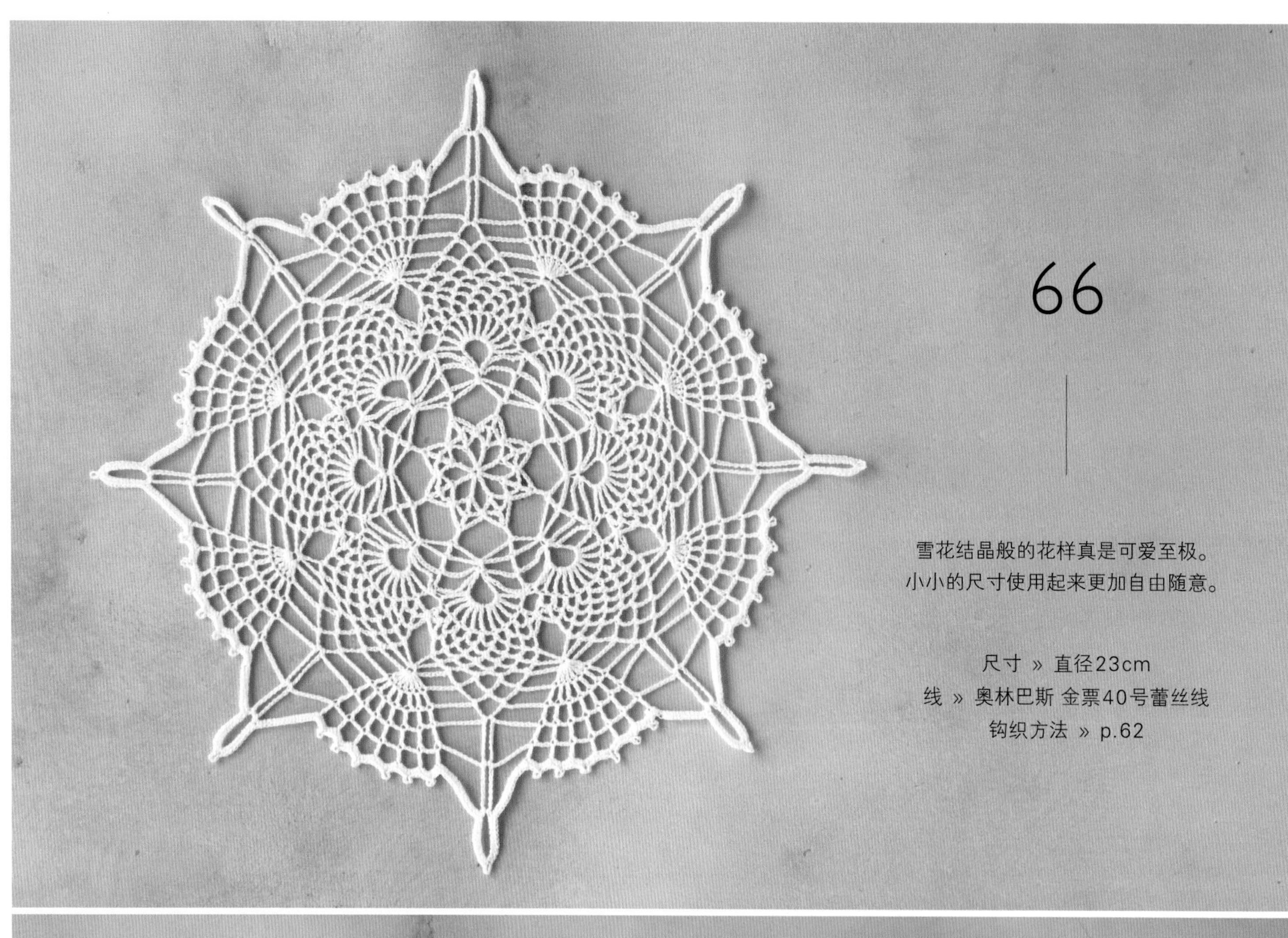

66

雪花结晶般的花样真是可爱至极。
小小的尺寸使用起来更加自由随意。

尺寸 » 直径23cm
线 » 奥林巴斯 金票40号蕾丝线
钩织方法 » p.62

67

菠萝花样和花片中间起到连接作用的锁针，
疏密有致，可谓绝妙组合。
越是简单的设计，越要追求针目的精致。

尺寸 » 直径33cm
线 » 奥林巴斯 金票40号蕾丝线
钩织方法 » p.63

68

爆米花针和长针构成的菠萝花样别出心裁。
富有立体感的连续花样更是令人印象深刻。

尺寸 » 直径29cm
线 » 奥林巴斯 金票40号蕾丝线
钩织方法 » p.113

【材料和工具】

线…奥林巴斯 金票40号蕾丝线 白色（801）10g

针…蕾丝针8号

【成品尺寸】

直径23cm

【钩织要点】

用线头做环形起针，立织4针锁针。接着在起针的线环里重复钩织“5针锁针、1针长长针”。第2行立织3针锁针，接着重复钩织“7针锁针、1针长针”。第3行的短针是在第1行和第2行的锁针上整段挑针钩织。第6、11、14行都按此要领钩织。接下来按符号图继续钩织。第8行的3卷长针参照p.141钩织。第9行的起点要钩引拔针至起立针处。第20行的短针是在前一行的锁针上整段挑针钩织，尽量均匀一点，不要露出里面的锁针。

钩织方法

66

（p.60）

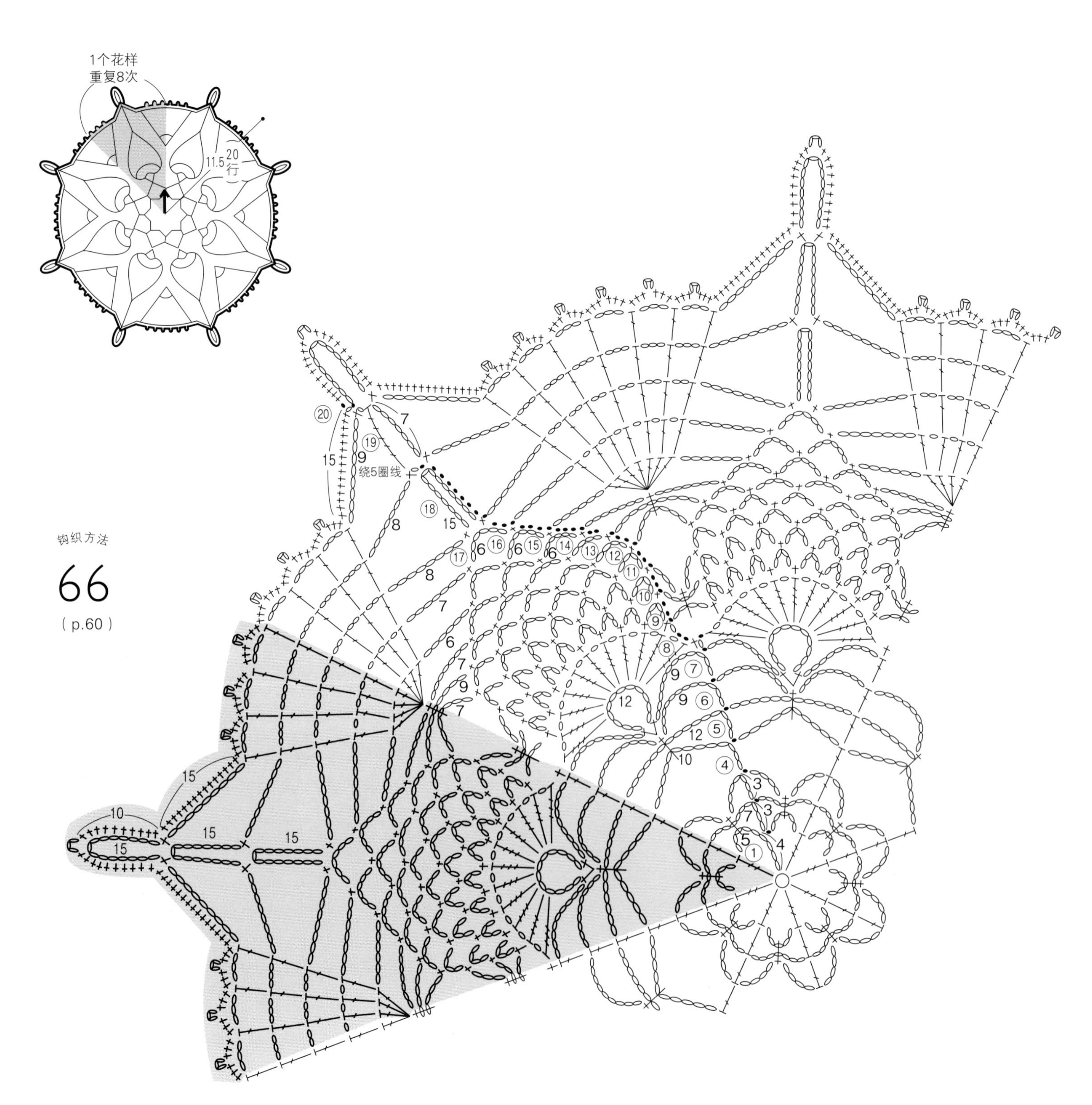

【材料和工具】

线…奥林巴斯 金票40号蕾丝线 白色（801）20g

针…蕾丝针8号

【成品尺寸】

直径33cm

【钩织要点】

钩10针锁针连接成环形起针，立织1针锁针。在起针的线环里钩24针短针。第3行的短针是在前一行的锁针上整段挑针钩织，尽量均匀一点，不要露出里面的锁针。第4行的起点要钩引拔针至起立针处。接下来按符号图继续钩织。第13行和第30行的短针是在锁针的半针和里山挑针钩织，从每针锁针里挑1针。第30行钩织长长针的枣形针时要收紧针目的头部，钩织狗牙针时要大小统一。

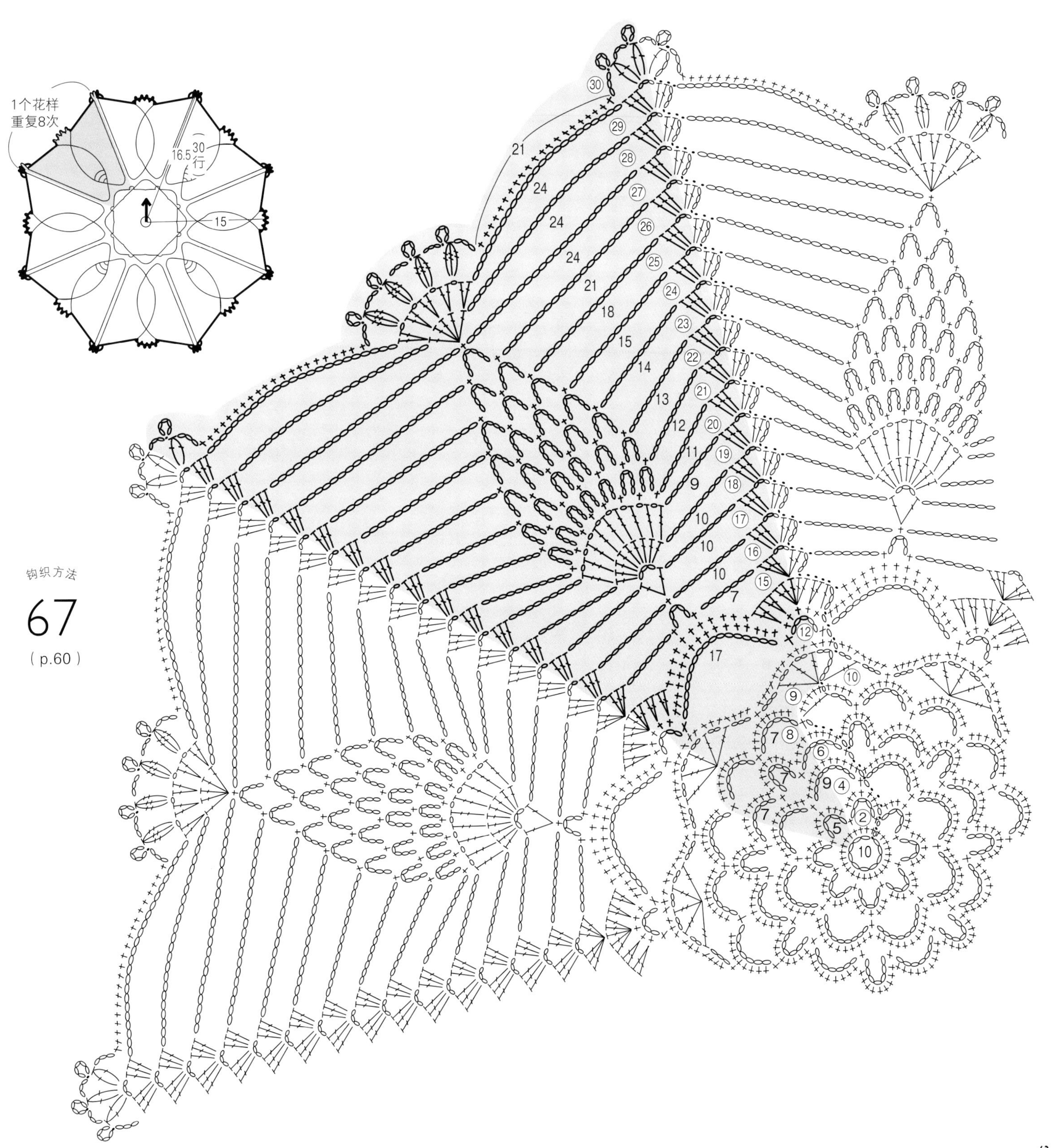

钩织方法

67

（p.60）

69

这款华丽的装饰垫散发着古色古香的气息。
用纯白色线精心钩织而成，使用时倍加珍惜。

尺寸 » 直径33cm
线 » 奥林巴斯 金票40号蕾丝线
钩织方法 » p.66

【材料和工具】

线…奥林巴斯 金票40号蕾丝线 白色（801）25g

针…蕾丝针8号

【成品尺寸】

直径33cm

【钩织要点】

钩7针锁针连接成环形起针，立织3针锁针。在起针的线环里钩15针长针。第3~5行的短针是在前一行的锁针上整段挑针钩织，行与行的连接处先钩锁针，再用中长针与起点做连接。第6行的花样是Y字针（参照p.143）的应用，先钩1针5卷长针，下一针在针目根部的2根线里挑针钩织，接着按相同要领依次在前一针针目根部的2根线里挑针，钩织至长针。第7行的花样参照p.142的三角针钩织，终点先钩4针锁针，再用4卷长针与起点做连接。接下来按符号图钩织。第24行的短针是在前一行的锁针上整段挑针钩织，尽量均匀一点，不要露出里面的锁针。

钩织方法

69

（p.64、65）

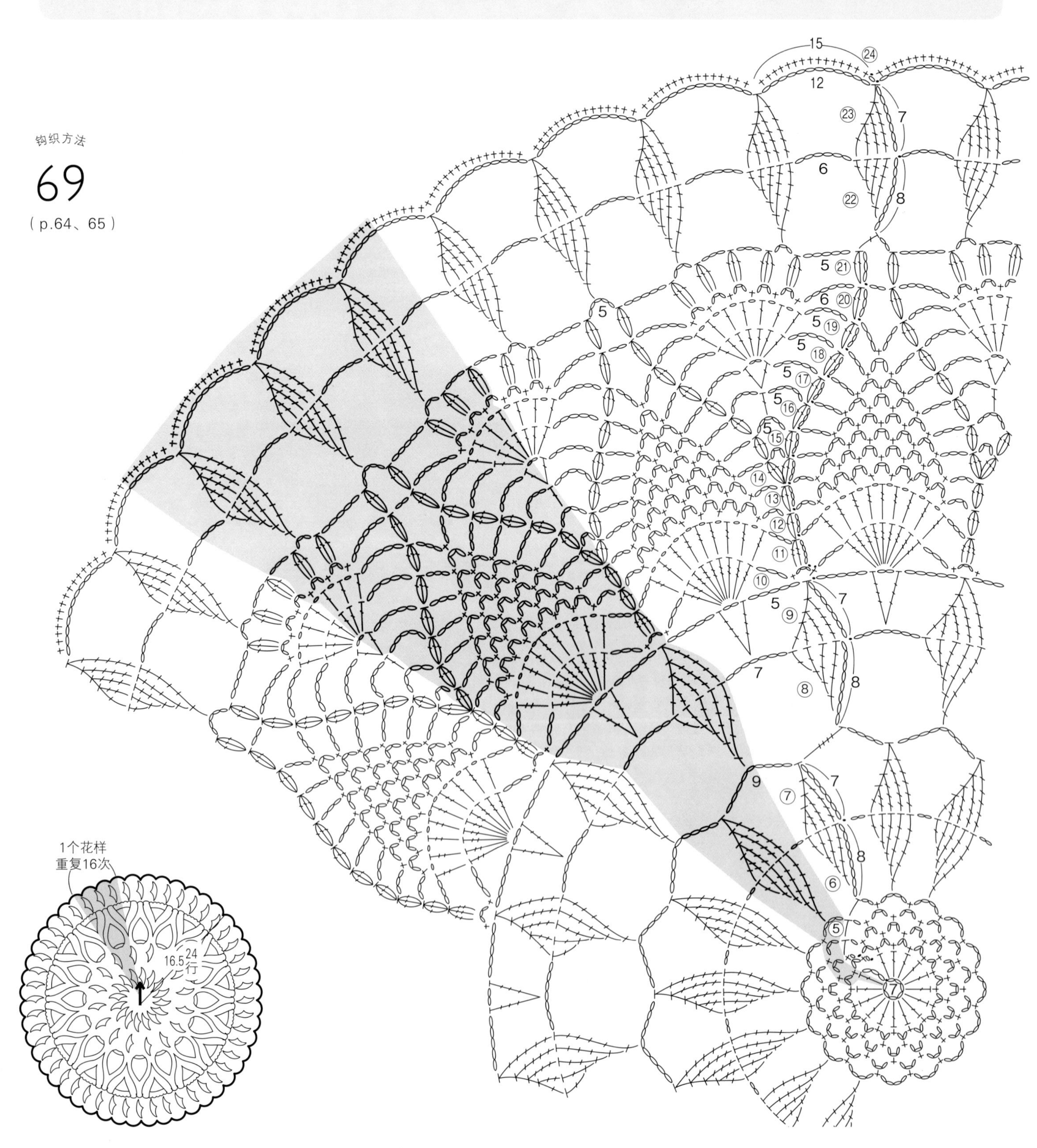

钩织方法

70

（p.68）

【材料和工具】

线…奥林巴斯 金票40号蕾丝线 白色（801）20g

针…蕾丝针8号

【成品尺寸】

直径32cm

【钩织要点】

钩6针锁针连接成环形起针，立织3针锁针。接着在起针的线环里重复钩织"5针锁针、1针长针"。第2行是在前一行的锁针上整段挑针钩织。第3行的起点因为起立针的位置与第2行的终点离得较远，所以要钩引拔针至起立针的位置。第5行菠萝花样的短针在前一行的锁针上整段挑针钩织。接下来按符号图钩织至第17行后将线剪断。外圈的小花片一边按编号顺序钩织，一边用狗牙针上的短针和3卷长针与指定位置做连接（用短针做连接的方法见p.146）。

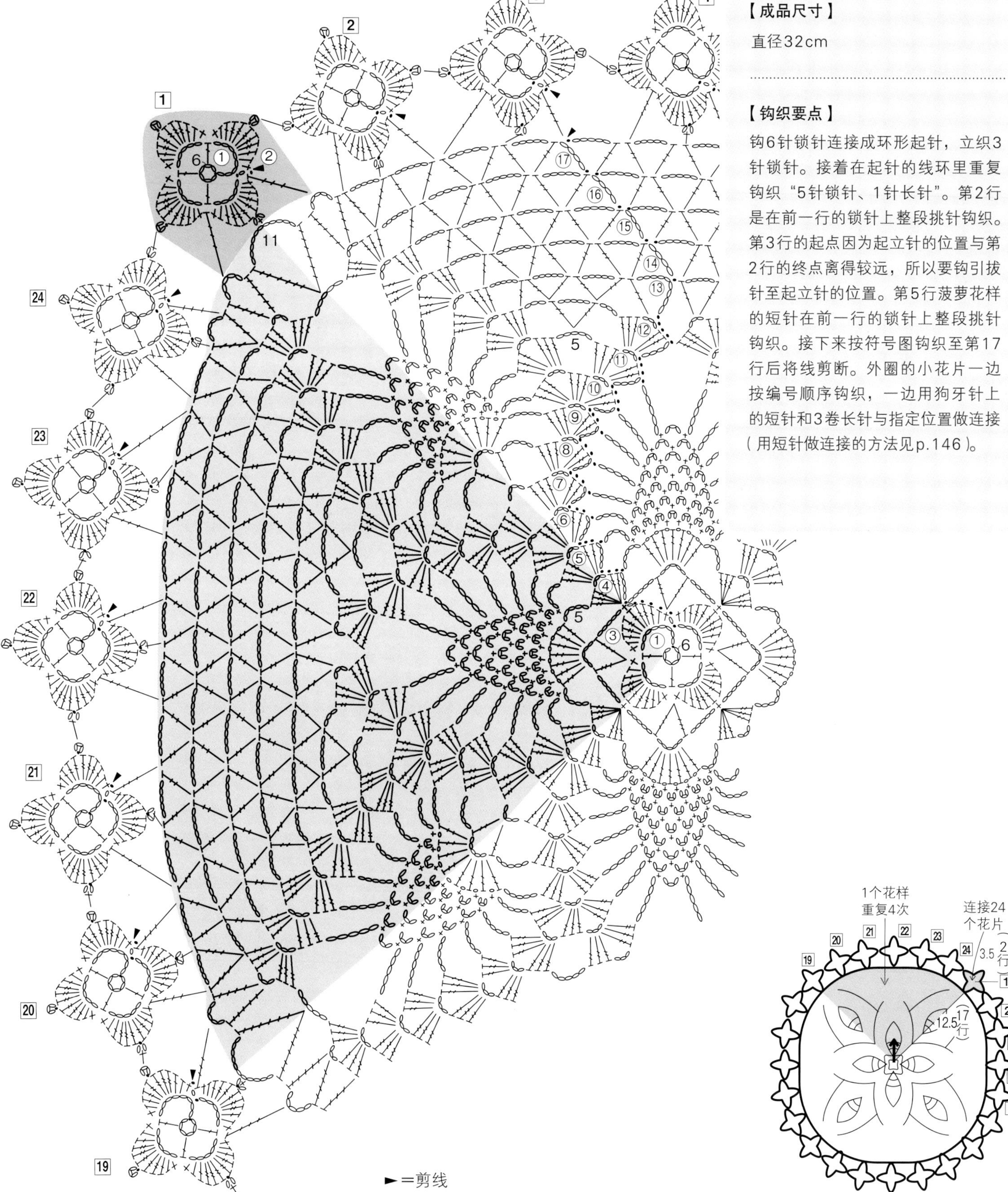

70

边缘小花朵的连接花片是一大亮点，设计十分可爱。
仅仅是远远地看着，也能让内心变得平静柔和。

尺寸 » 直径32cm
线 » 奥林巴斯 金票40号蕾丝线
钩织方法 » p.67

71

菠萝花样勾勒出了6片花瓣，
整个装饰垫宛如一朵优雅迷人的花。

尺寸 » 直径35cm
线 » 奥林巴斯 金票40号蕾丝线
钩织方法 » p.70

仿佛夏日阳光下尽情绽放的花朵，
房间也似乎瞬间变得明亮起来。

尺寸 » 直径35cm
线 » 奥林巴斯 金票40号蕾丝线
钩织方法 » p.71

【材料和工具】

线…奥林巴斯 金票40号蕾丝线 白色（801）20g

针…蕾丝针8号

【成品尺寸】

直径35cm

【钩织要点】

钩9针锁针连接成环形起针，立织1针锁针。在起针的线环里钩18针短针。第3行的起点钩引拔针至起立针的位置，终点先钩4针锁针，再用长长针与起点做连接。第5行的短针是在前一行的锁针上整段挑针钩织，尽量均匀一点，不要露出里面的锁针。

钩织方法

71

（p.69）

【材料和工具】

线…奥林巴斯 金票40号蕾丝线 白色(801)30g

针…蕾丝针8号

【成品尺寸】

直径35cm

【钩织要点】

钩8针锁针连接成环形起针，立织1针锁针。在起针的线环里钩12针短针。第3行的长针是在前一行的锁针上整段挑针钩织。接下来按符号图继续钩织。第10行的“5针长针的爆米花针”(参照p.142)是在前一行的锁针上整段挑针钩织，注意收紧针目的头部。第25行的起点因为起立针的位置与第24行的终点离得较远，所以要钩引拔针至起立针的位置。网格针部分是在前一行的锁针上整段挑针钩织，行与行的连接处先钩锁针，再用长长针与起点做连接。

钩织方法

72

(p.69)

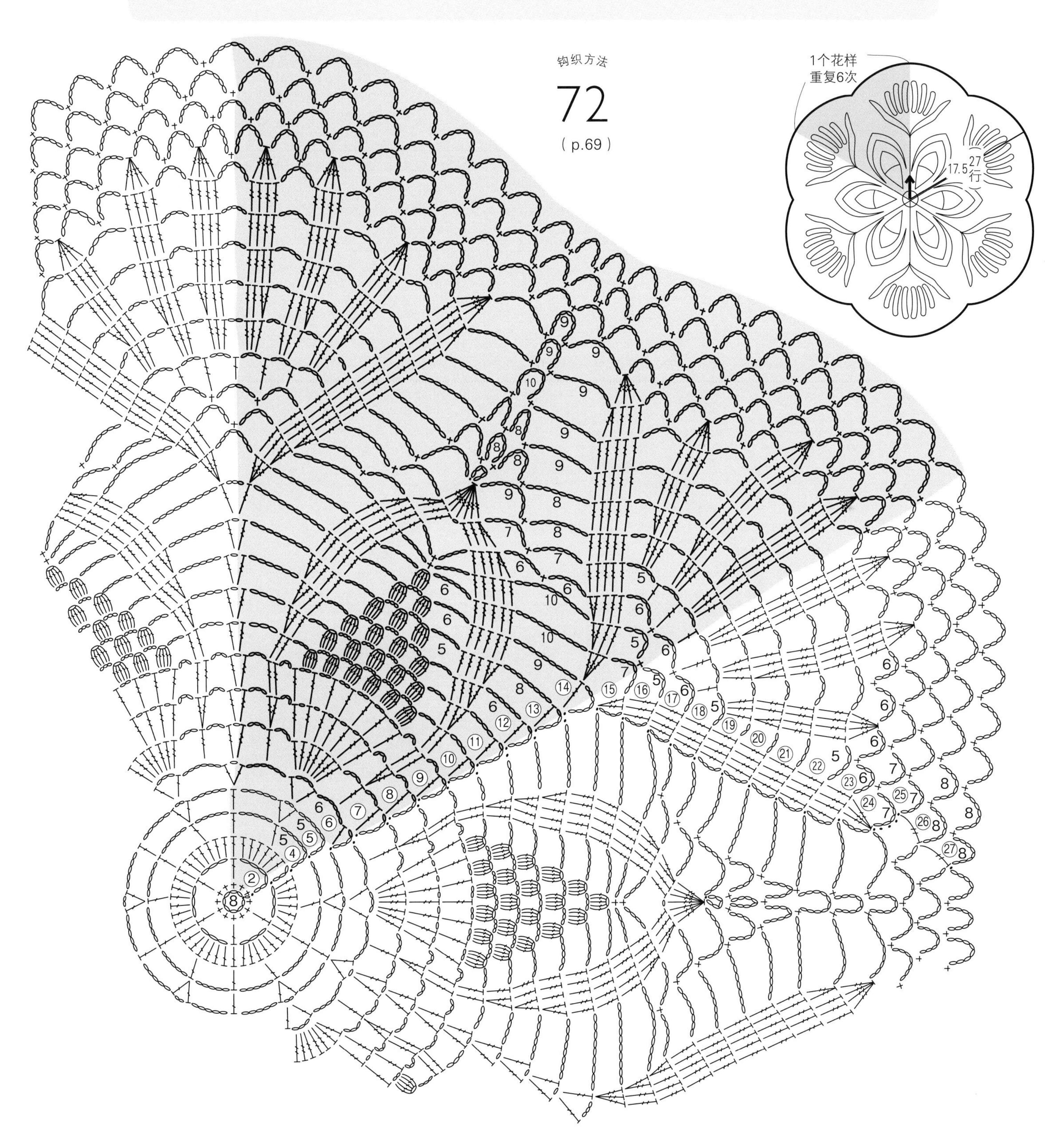

Chapter

4

方眼花样装饰垫

就像十字绣一样填充方格呈现出图案，
方眼花样的钩织技法虽然简单，作品却非常精美。
先从往返钩织就能轻松完成的作品开始，
再来尝试挑战由中心向外扩展的作品吧！

填充针目比较多的方眼花样装饰垫用作盖巾也很方便。无论是家中还是户外，均可用来遮盖或防尘。（作品80）

73

这款迷人的作品勾勒出了竞相盛开的大朵玫瑰。
即使用纯白色线钩织也能大放异彩。

尺寸 » 35cm × 36cm
线 » 奥林巴斯 金票40号蕾丝线
钩织方法 » p.114

74

鲜红色的山茶花热烈地绽放着。
犹如一幅艺术植物画，
就连细节也处理得非常精致。

尺寸 » 31.5cm × 34cm
线 » 奥林巴斯 金票40号蕾丝线
钩织方法 » p.115

75

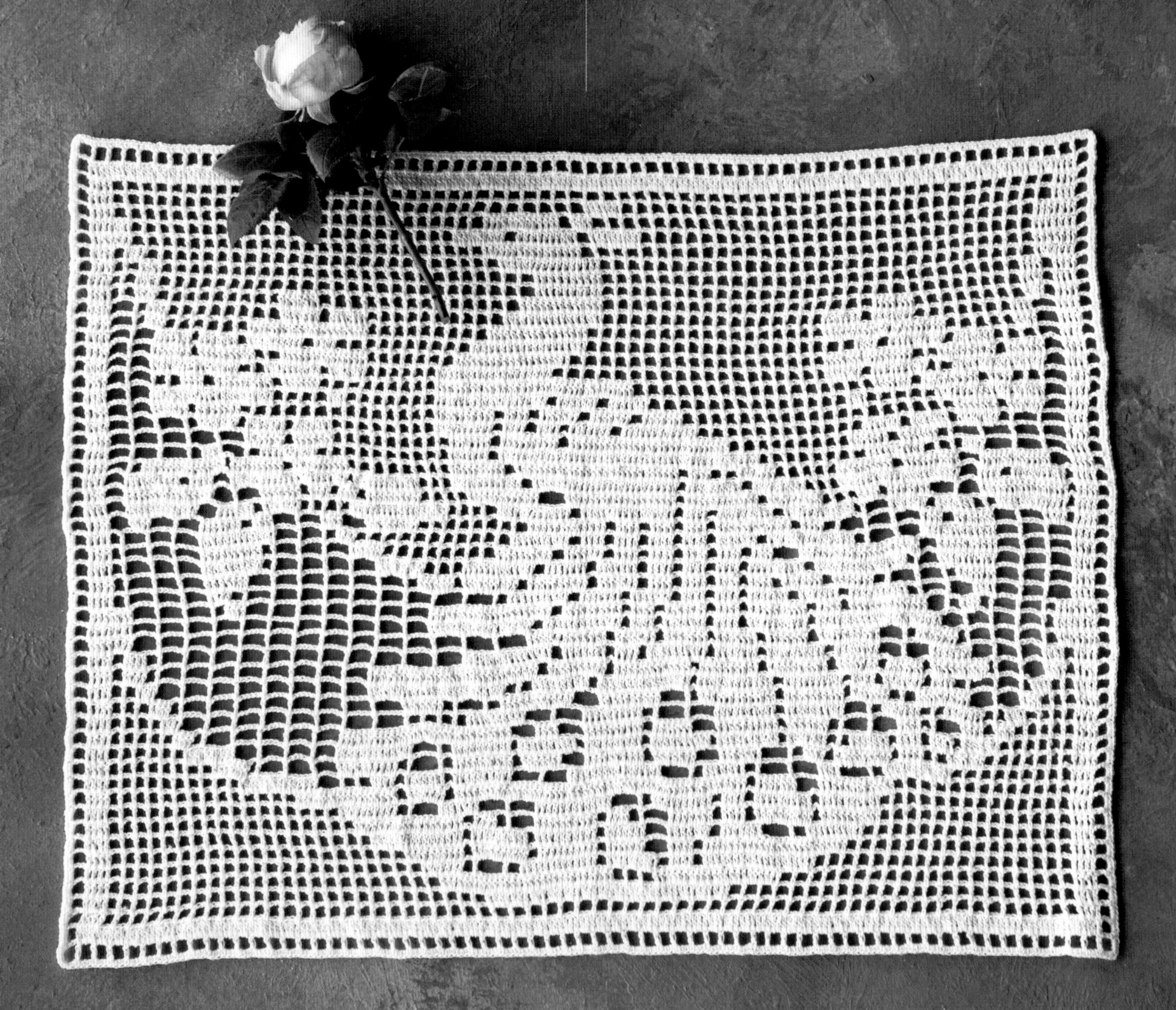

方眼花样呈现的孔雀有着傲人的美丽羽毛。
背景点缀的小花更是增添了华丽气息。

尺寸 » 27cm x 36cm
线 » 奥林巴斯 金票40号蕾丝线
钩织方法 » p.116

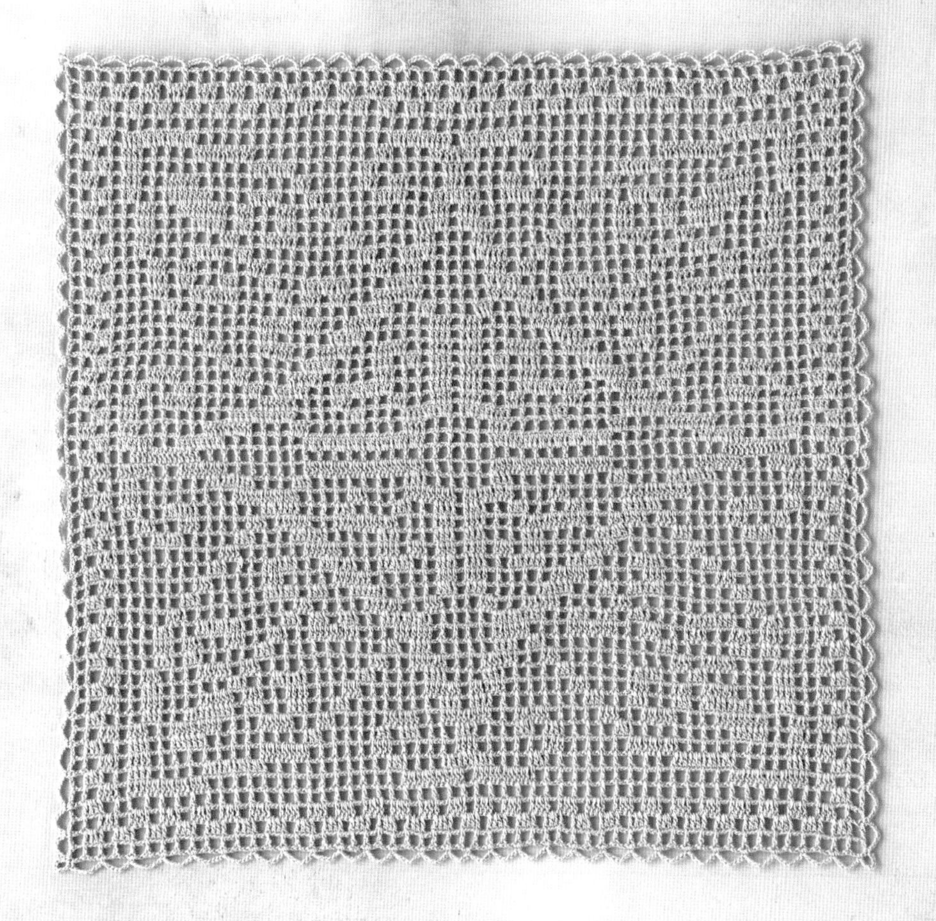

76

几何花样简洁明了。
无论是现代风格还是古典风格的房间，
这款装饰垫都非常合适。

尺寸 » 26.5cm × 26.5cm
线 » 奥林巴斯 金票40号蕾丝线
钩织方法 » p.117

77

宛如贵族徽章上的图案，格调高雅。
单独1片用于装饰就非常漂亮，
也可将多片连接起来做成大件的覆盖用品。

尺寸 » 31cm × 32cm
线 » 奥林巴斯 金票40号蕾丝线
钩织方法 » p.123

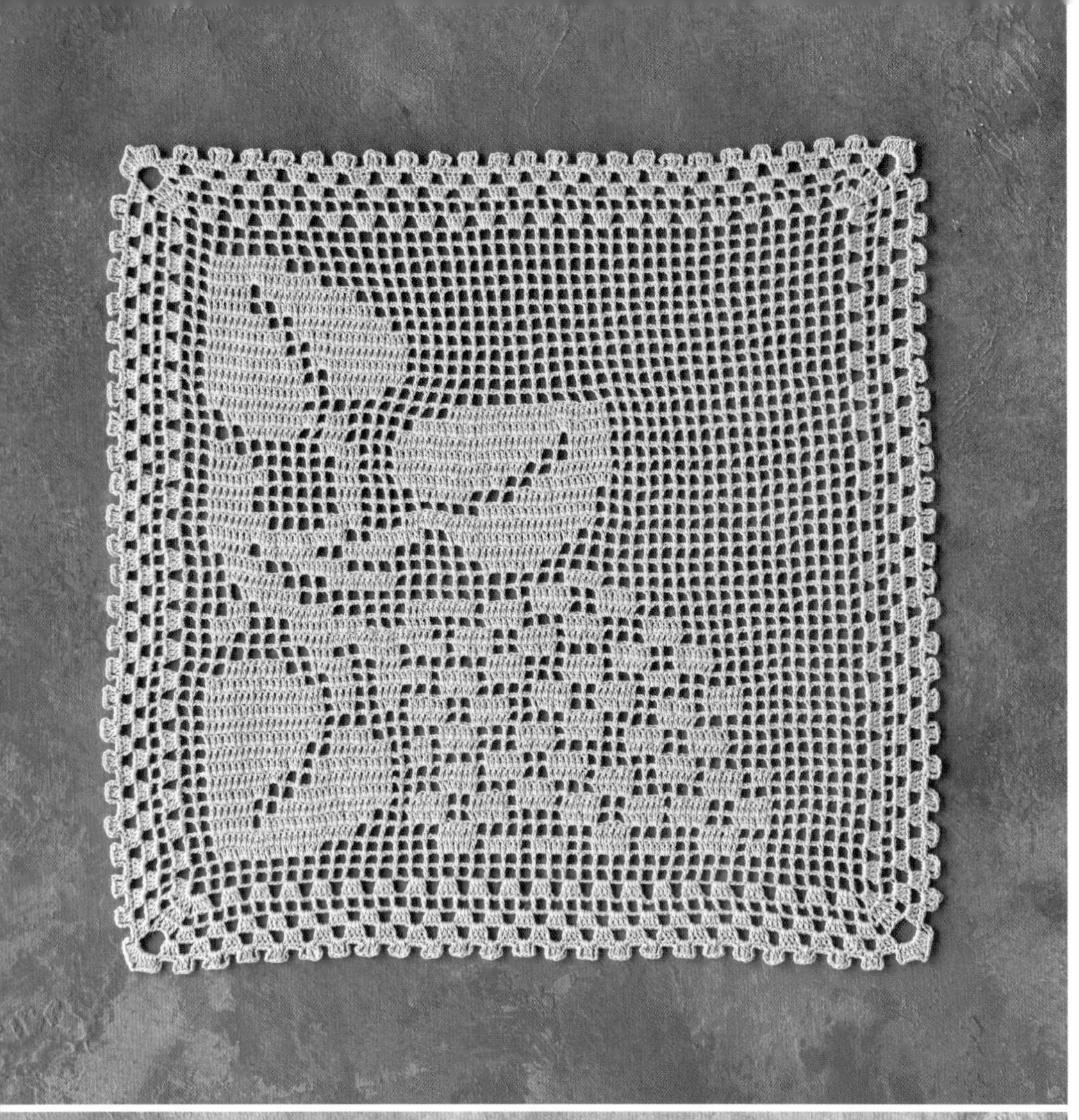

78

浅紫色的绣球花在雨中静静地绽放。
因为尺寸比较小，可以轻松钩织，方便实用。

尺寸 » 27cm × 28cm
线 » 奥林巴斯 金票40号蕾丝线
钩织方法 » p.118

79

变形后的山茶花图案更具现代气息。
周围的轮廓也设计成了花朵的形状。

尺寸 » 30.5cm × 32.5cm
线 » 奥林巴斯 金票40号蕾丝线
钩织方法 » p.118、119

80

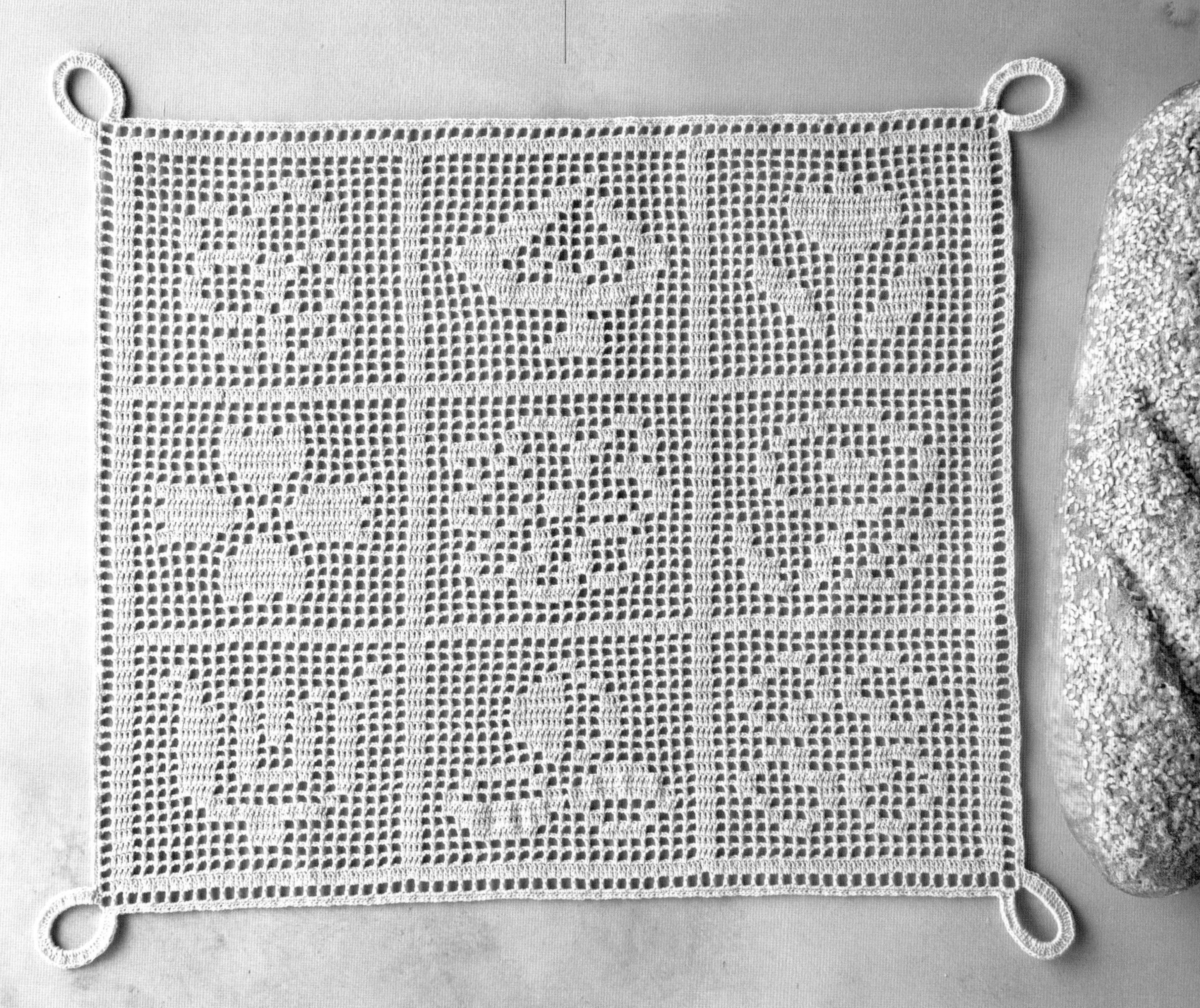

如此精巧可爱的垫子正好可以放在餐桌上。
四个转角处连着边缘钩织的挂环十分抢眼。

尺寸 » 27.5m × 31.5cm
线 » 奥林巴斯 金票40号蕾丝线
钩织方法 » p.127

81

漂亮的小蝴蝶在春风中轻盈振翅。
细细品味方眼花样的美妙吧。

尺寸 » 长径41cm
线 » 奥林巴斯 金票40号蕾丝线
钩织方法 » p.122、123

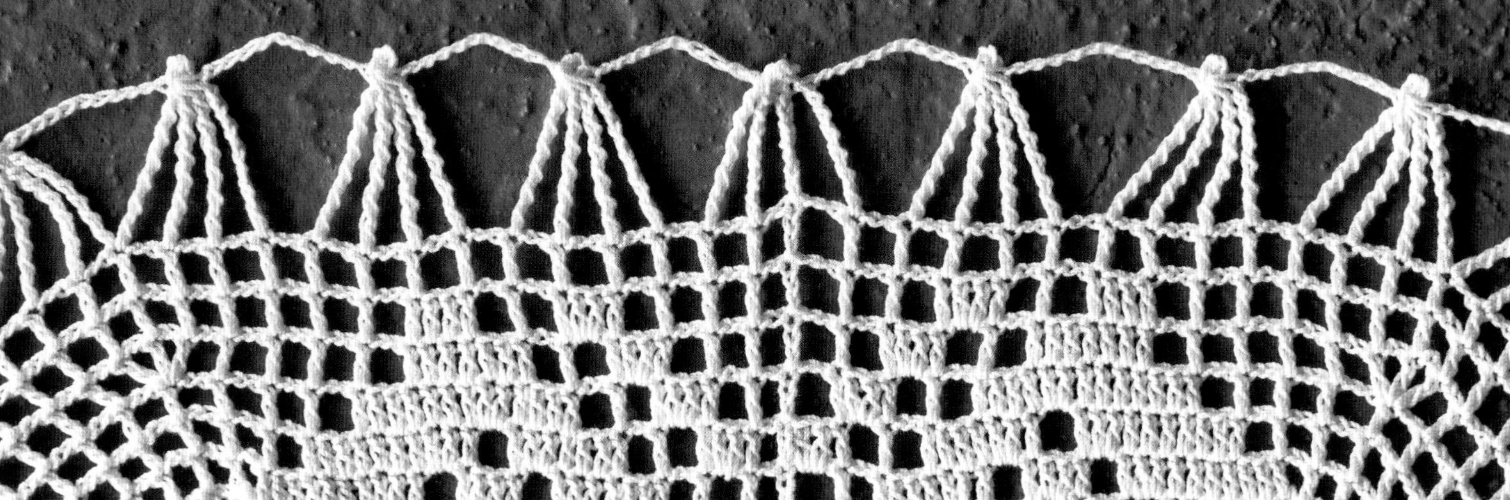

82

这是一款清新淡雅的装饰垫。
主体花样木春菊的花语是"为爱情占卜"，
因此也非常适合用作婚礼装饰。

尺寸 » 直径34cm
线 » 奥林巴斯 金票40号蕾丝线
钩织方法 » p.120

83

笔直的花茎上开出了厚实饱满的花冠。
这款作品展现了公园和庭院中鸡冠花一簇簇盛开的景象。

尺寸 » 直径34cm
线 » 奥林巴斯 金票40号蕾丝线
钩织方法 » p.124

84

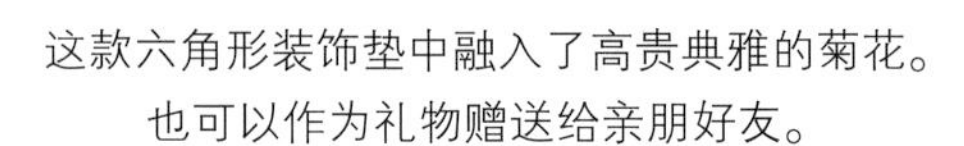

这款六角形装饰垫中融入了高贵典雅的菊花。
也可以作为礼物赠送给亲朋好友。

尺寸 » 41cm × 35cm
线 » DARUMA 40号蕾丝线
钩织方法 » p.125

85

看上去精密细致，钩织方法却很简单。
这是一款八角形的装饰垫，
方眼花样和镂空花样的组合格外迷人。

尺寸 » 34cm × 29cm
线 » 奥林巴斯 金票40号蕾丝线
钩织方法 » p.121

86

这款由不规则形状的花片连接的装饰垫极富个性。
可爱的花朵图案令人赏心悦目。

尺寸 » 直径37cm
线 » 奥林巴斯 金票40号蕾丝线
钩织方法 » p.126

Chapter

5

精美迷人的蕾丝垫

本章汇集了多款华丽且精致细腻的蕾丝垫，
可以尽情享受蕾丝钩编的美妙。
不要说什么“如此精致的作品拿来用太可惜了”，
还是充分发挥它们的作用吧！

将蕾丝垫盖在简约的LED灯罩上，打开灯的时候就会被柔美的光影陶醉。另外，还可起到防尘的作用，非常实用。（作品89）

87

这款蕾丝垫宛如玻璃工艺品般精致细腻。
装饰边缘的三叶草洋溢着幸福的气息。

尺寸 » 直径30cm
线 » 奥林巴斯 金票40号蕾丝线
钩织方法 » p.128

88

这是一款华丽高贵的传统风格的蕾丝垫。
中心的十字花样是设计的一大亮点。

尺寸 » 直径31cm
线 » 奥林巴斯 金票40号蕾丝线
钩织方法 » p.129

89

外圈整齐地排列着小花篮，
整片蕾丝垫散发着欢快的气息。

尺寸 » 直径28cm
线 » 奥林巴斯 金票40号蕾丝线
钩织方法 » p.90

90

白色蕾丝垫清新素雅，狗牙针是设计的点睛之笔。
整件作品犹如古董娃娃的小礼服一般可爱迷人。

尺寸 » 直径29cm
线 » 奥林巴斯 金票40号蕾丝线
钩织方法 » p.91

【材料和工具】

线…奥林巴斯 金票40号蕾丝线 白色（801）20g
针…蕾丝针8号

【成品尺寸】

直径28cm

【钩织要点】

钩6针锁针连接成环形起针，立织3针锁针，在起针的线环里钩19针长针。第3行的长针以及第6行长针的枣形针都是在前一行的锁针上整段挑针钩织。第7、8、11、12行按Y字针（参照p.143）的要领钩织。第13行组合Y字针和倒Y字针钩织，因为钩针上绕了很多圈线，注意线圈不要松散。第16行的花篮部分先钩9针长针和15针锁针，然后回到第1针长针上引拔，接着在这些锁针上钩15针短针，再在最后的长针上引拔。第17、18行按符号图钩织。

钩织方法

89

（p.86、87）

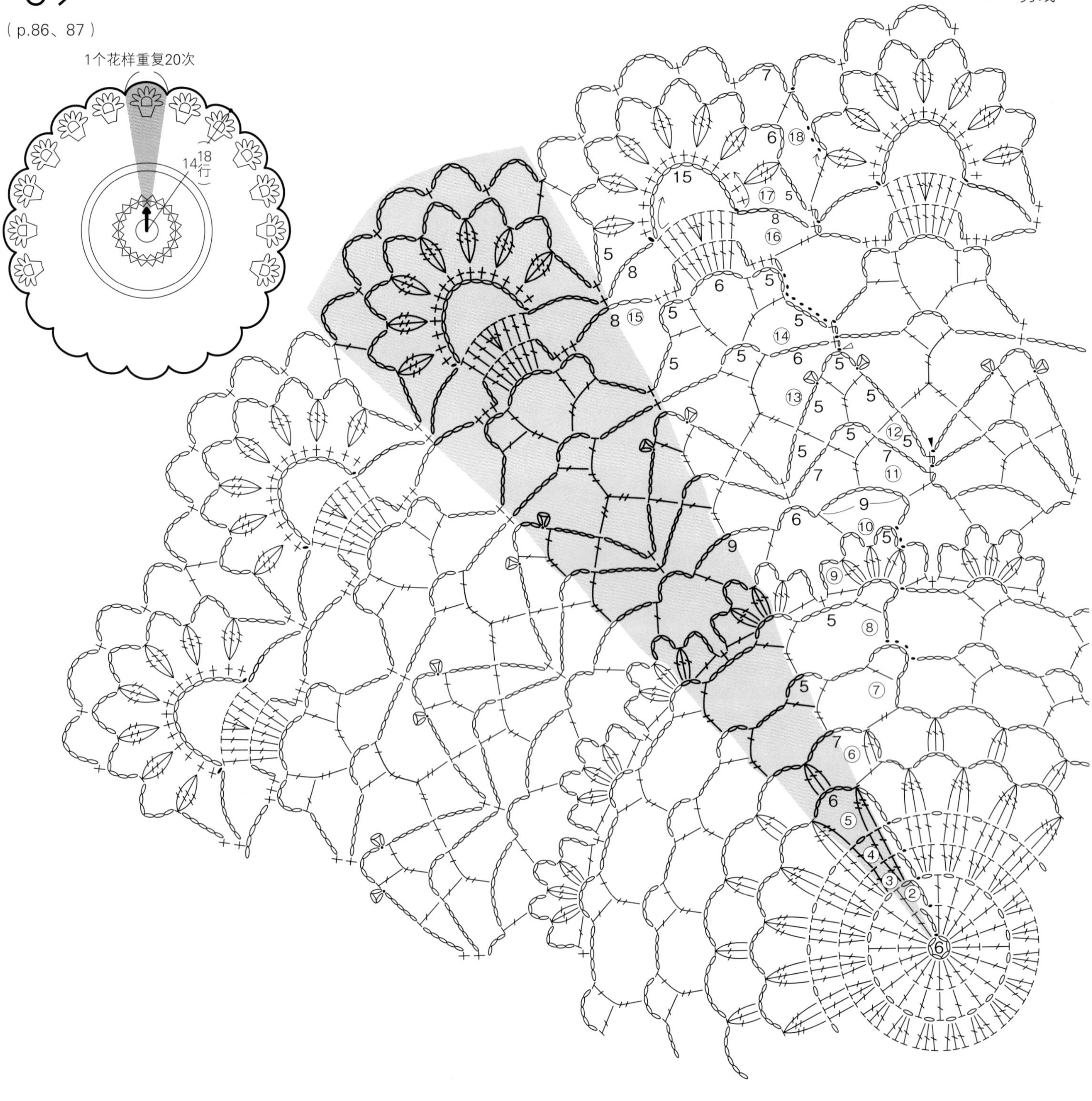

1个花样重复20次

14行 18行

▷＝加线
►＝剪线

【材料和工具】

线…奥林巴斯 金票40号蕾丝线 白色（801）20g

针…蕾丝针8号

【成品尺寸】

直径29cm

【钩织要点】

钩4针锁针连接成环形起针，立织3针锁针，在起针的线环里钩15针长针。第4行的松叶针（长针）、第11行的4针长针并1针、第14行的长针都是在前一行锁针的半针和里山挑针钩织。在锁针上整段挑针钩织许多针目时，尽量均匀地钩织。第9行和第20行钩织3个连续狗牙针时要大小统一。第14行的终点不要钩到最后，钩完3针锁针后直接开始钩织第15行的松叶针。

钩织方法

90

（p.88、89）

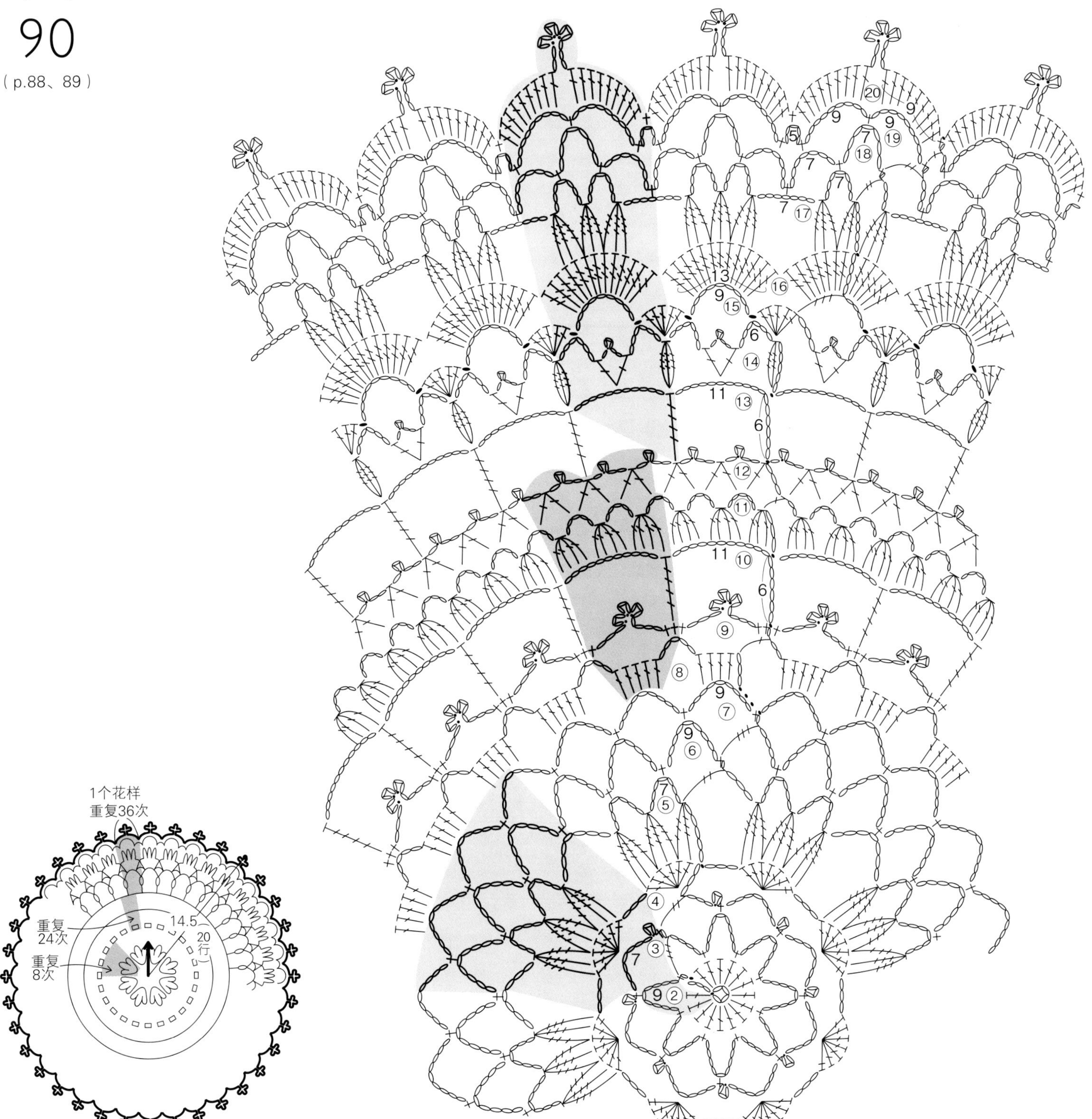

91

这款花样表现出了层层叠叠、竞相绽放的鲁冰花。
自下而上开至顶端的花序与蕾丝钩织有着异曲同工之妙。

尺寸 » 直径31cm
线 » 奥林巴斯 金票40号蕾丝线
钩织方法 » p.130

92

向上而生的木兰花优雅地舒展着腰身，
设计成蕾丝垫给人一种积极向上的感觉。

尺寸 » 直径32cm
线 » 奥林巴斯 金票40号蕾丝线
钩织方法 » p.95

93

这款蕾丝垫的尺寸虽然比较小，
却充分展现出了“兰中女王”——
卡特利亚兰的雍容华贵。

尺寸 » 直径25cm
线 » 奥林巴斯 金票40号蕾丝线
钩织方法 » p.94

【材料和工具】

线…奥林巴斯 金票40号蕾丝线 白色（801）20g

针…蕾丝针8号

【成品尺寸】

直径25cm

【钩织要点】

钩5针锁针连接成环形起针，立织3针锁针，在起针的线环里钩24针长针。第2行立织4针锁针，从起点开始钩织长长针的爆米花针（参照p.142）。从第2行开始钩织5针长长针的爆米花针。第3行以后的爆米花针都是在前一行爆米花针收紧后的针目里挑针钩织。如果整段挑针，爆米花针的头部就会被撑开。第12、14行的“4针3卷长针的松叶针”都是在前一行锁针的半针和里山挑针钩织。最后一行钩织“8针3卷长针并1针”时，要收紧针目的头部。

钩织方法

93

（p.93）

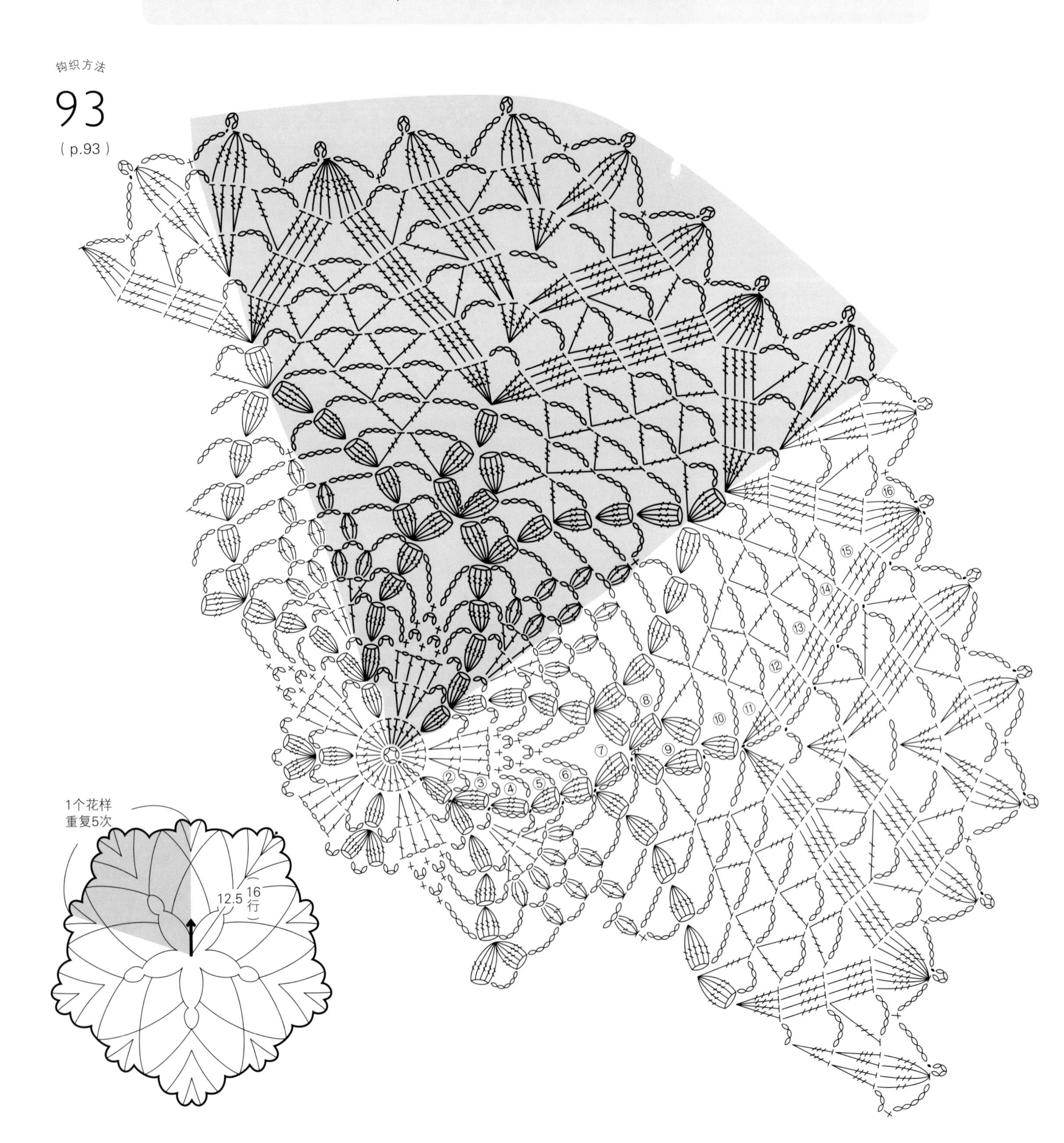

【材料和工具】

线…奥林巴斯 金票40号蕾丝线 白色（801）25g
针…蕾丝针8号

【成品尺寸】

直径32cm

【钩织要点】

钩8针锁针连接成环形起针，立织3针锁针，在起针的线环里钩23针长针。第2行重复钩织“1针短针、15针锁针”，最后钩7针锁针，再用6卷长针与起点的短针做连接。第3行在前一行锁针的中间整段挑针钩织短针，编织终点先在起点的短针上引拔，再继续钩引拔针至第4行的起立针的位置。接下来，前一行是锁针时，整段挑针钩织；数针并作1针时，注意收紧针目的头部。在第15行将线剪断，第16行加入新线钩织。第20行的起点要在前一行的锁针上钩引拔针，钩至长长针的位置。

钩织方法

92

（p.93）

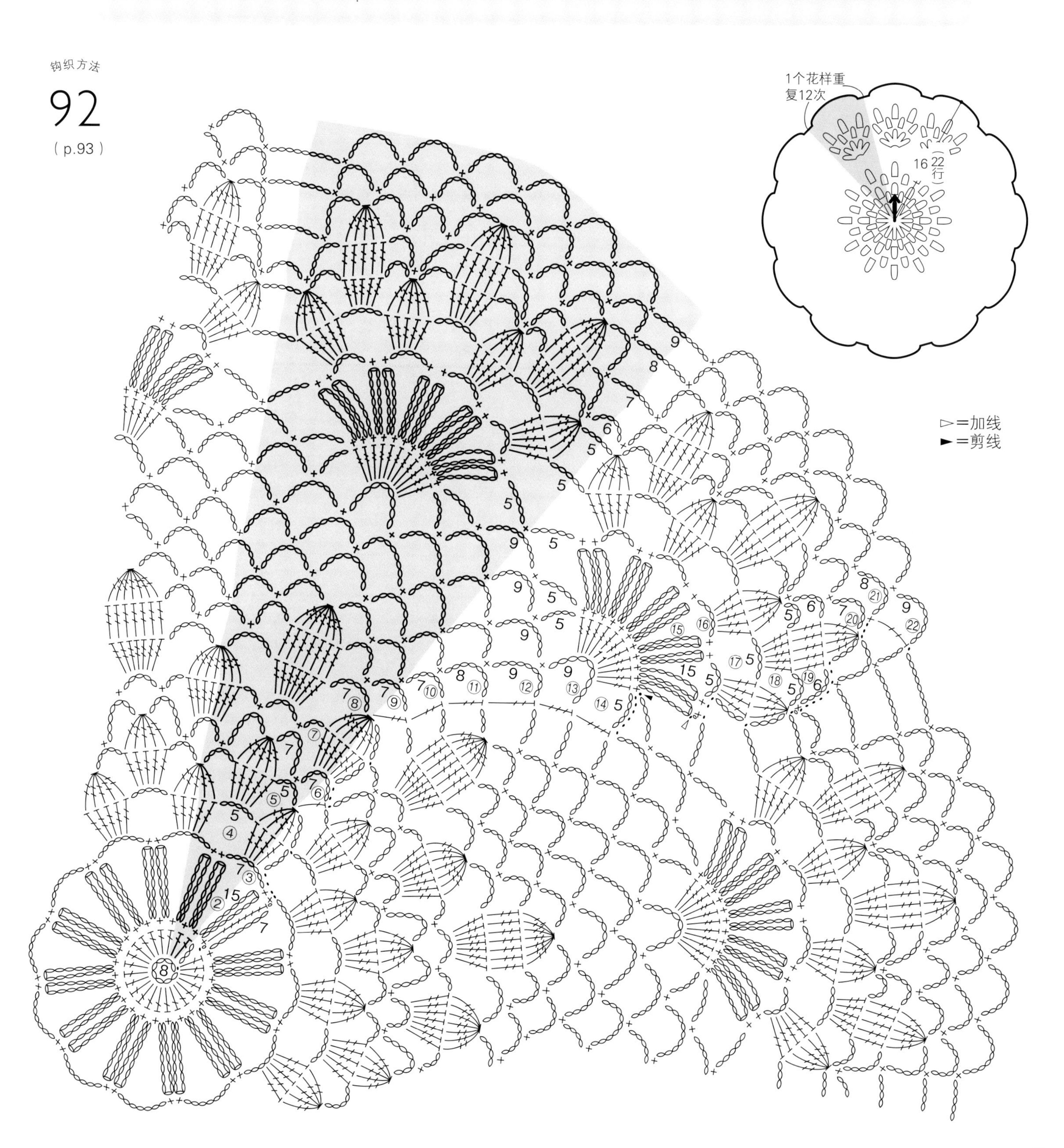

呈放射状向外扩散的尖锐棱角令人印象深刻。
这款蕾丝垫像极了光芒四射的万花筒。

尺寸 » 直径30cm
线 » 奥林巴斯 金票40号蕾丝线
钩织方法 » p.131

94

95

长针钩织的风车花样加上边缘的扇形花样，
整体设计富有律动感。

尺寸 » 直径30cm
线 » 奥林巴斯 金票40号蕾丝线
钩织方法 » p.98

96

边缘像串珠一样的圆环花样是点睛之笔。
使用时垂下来也一定非常漂亮。

尺寸 » 直径29cm
线 » 奥林巴斯 金票40号蕾丝线
钩织方法 » p.99

【材料和工具】

线…奥林巴斯 金票40号蕾丝线 白色（801）20g

针…蕾丝针8号

【成品尺寸】

直径30cm

【钩织要点】

钩6针锁针连接成环形起针，立织3针锁针，接着钩3针锁针。在起针的线环里重复钩织“1针长针、3针锁针”。接下来按符号图钩织，注意第8行锁针中间的长针是在前面2行的锁针上一起挑针钩织。从第15行开始，起点要先钩引拔针至网格针的中间。第18行以后的贝壳针都是在前一行的锁针上整段挑针钩织。最后一行钩织“6针长针并1针”时，要收紧针目的头部。

钩织方法

95

（p.97）

【材料和工具】

线…奥林巴斯 金票40号蕾丝线 白色（801）20g

针…蕾丝针8号

【成品尺寸】

直径29cm

【钩织要点】

钩6针锁针连接成环形起针，立织3针锁针，在起针的线环里钩15针长针。网格针部分行与行的连接处先钩锁针，再用长针与起点做连接。第5行的起点要钩引拔针至起立针的位置。第6行在前一行的锁针上整段挑针钩织短针，尽量均匀一点，不要露出里面的锁针。第8、11、20、21行的圆环先钩指定针数的锁针，然后往回引拔，再在锁针上整段挑针钩织短针。第12行的花样按倒Y字针（参照p.143）的要领钩织。

钩织方法

96

（p.97）

97

小花瓣逐渐向外扩展，
最终形成一朵大花。
蕾丝垫的花样清晰明朗。

尺寸 » 直径30cm
线 » 奥林巴斯 金票40号蕾丝线
钩织方法 » p.102

98

这款蕾丝垫犹如线描画一般，
设计十分新颖独特。
网格针的美妙更是耐人寻味。

尺寸 » 直径29cm
线 » 奥林巴斯 金票40号蕾丝线
钩织方法 » p.103

99

边缘的鼠曲草花样仿佛手牵着手围成一圈，
真是一款暖心的设计。
爆米花针增强了作品的立体感。

尺寸 » 直径25cm
线 » 奥林巴斯 金票40号蕾丝线
钩织方法 » p.132

【材料和工具】

线…奥林巴斯 金票40号蕾丝线 原白色（731）25g

针…蕾丝针8号

【成品尺寸】

直径30cm

【钩织要点】

用线头做环形起针，立织1针锁针，在起针的线环里钩24针短针。前一行是锁针时，长针要整段挑针钩织，就像网格针一样尽量在中间部位钩织，针目会更加美观。当起点与前一行的终点离得较远时，先钩引拔针至起立针的位置。第20~24行的网格针在终点先钩2针或3针锁针，然后用长针或长长针与起点做连接，再立织1针锁针后钩织短针。最后一行在6针锁针上钩7针短针，注意尽量均匀地钩织，不要露出里面的锁针。

钩织方法

97

（p.100）

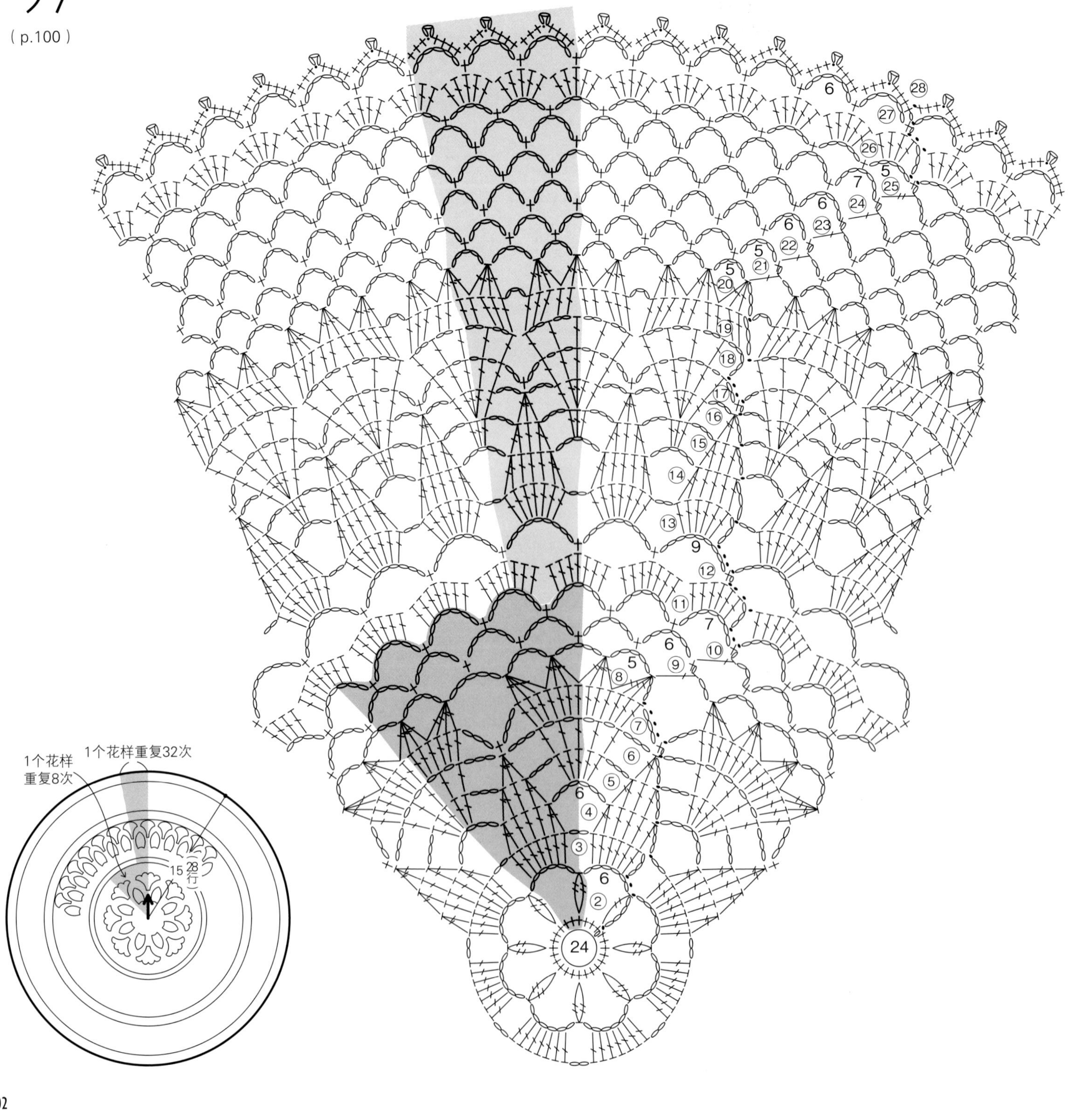

1个花样重复8次

1个花样重复32次

15

28行

【材料和工具】

线…奥林巴斯 金票40号蕾丝线 白色（801）20g

针…蕾丝针8号

【成品尺寸】

直径29cm

【钩织要点】

钩12针锁针连接成环形起针，立织1针锁针，在起针的线环里钩24针短针。第2、3行的终点先钩锁针，再用长度适中的长针与起点做连接。第4、16、23行的短针是在前一行的锁针上整段挑针钩织，尽量均匀一点，不要露出里面的锁针。第10行的3卷长针是在前一行锁针的半针和里山挑针钩织。前13行为8等分的花样（一共72个网格），从第14行开始变成18等分的花样。较长的锁针以及第10行的3卷长针要钩织得均匀整齐。

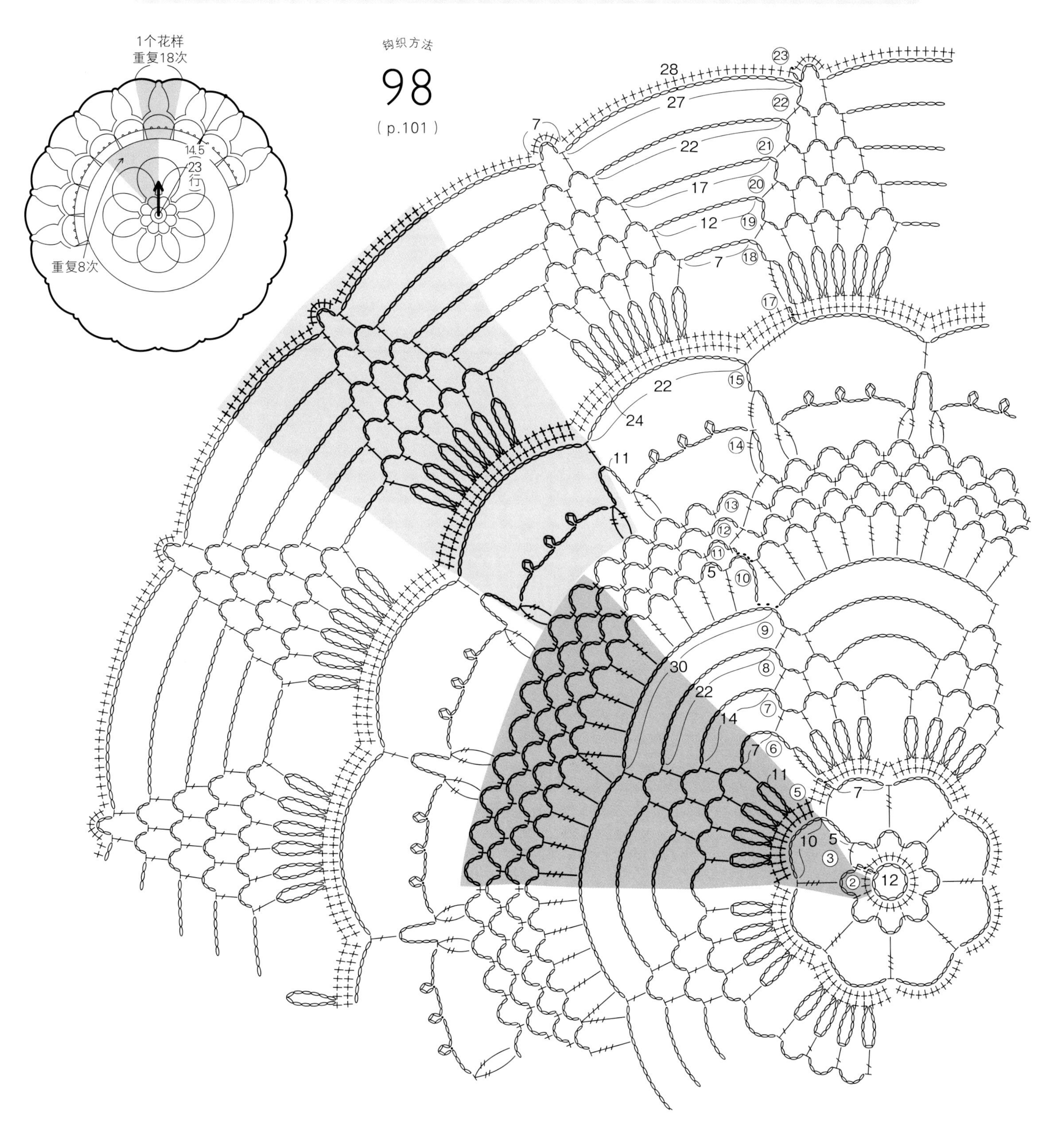

100

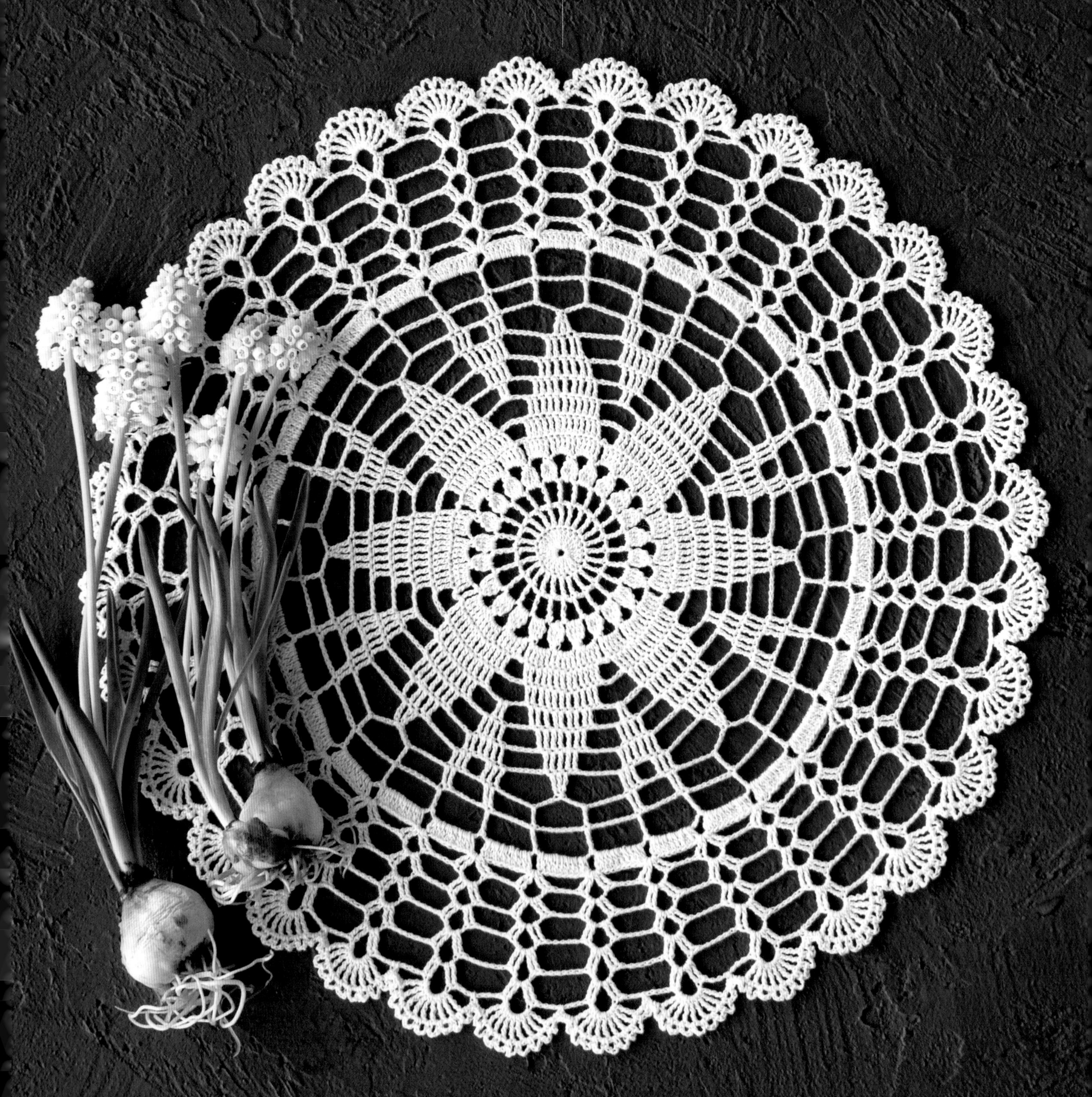

宛如漂浮在水面的睡莲，用手指轻轻地碰一下，
便静静地泛起层层涟漪。

尺寸 » 直径29cm
线 » 奥林巴斯 金票40号蕾丝线
钩织方法 » p.105

【材料和工具】

线…奥林巴斯 金票40号蕾丝线 白色（801）15g

针…蕾丝针8号

【成品尺寸】

直径29cm

【钩织要点】

用线头做环形起针，立织4针锁针。在起针的线环里钩23针长长针。第2、3行钩织方眼针，第4行的“4针长长针的枣形针”是在前一行的锁针上整段挑针钩织。接下来按符号图钩织。当起点与前一行的终点离得较远时，先钩引拔针至起立针的位置。第15行的长长针是在前一行的长针与长针之间整段挑针钩织。第20行钩织3卷长针时，针目的长度要统一。

钩织方法

100

（p.104）

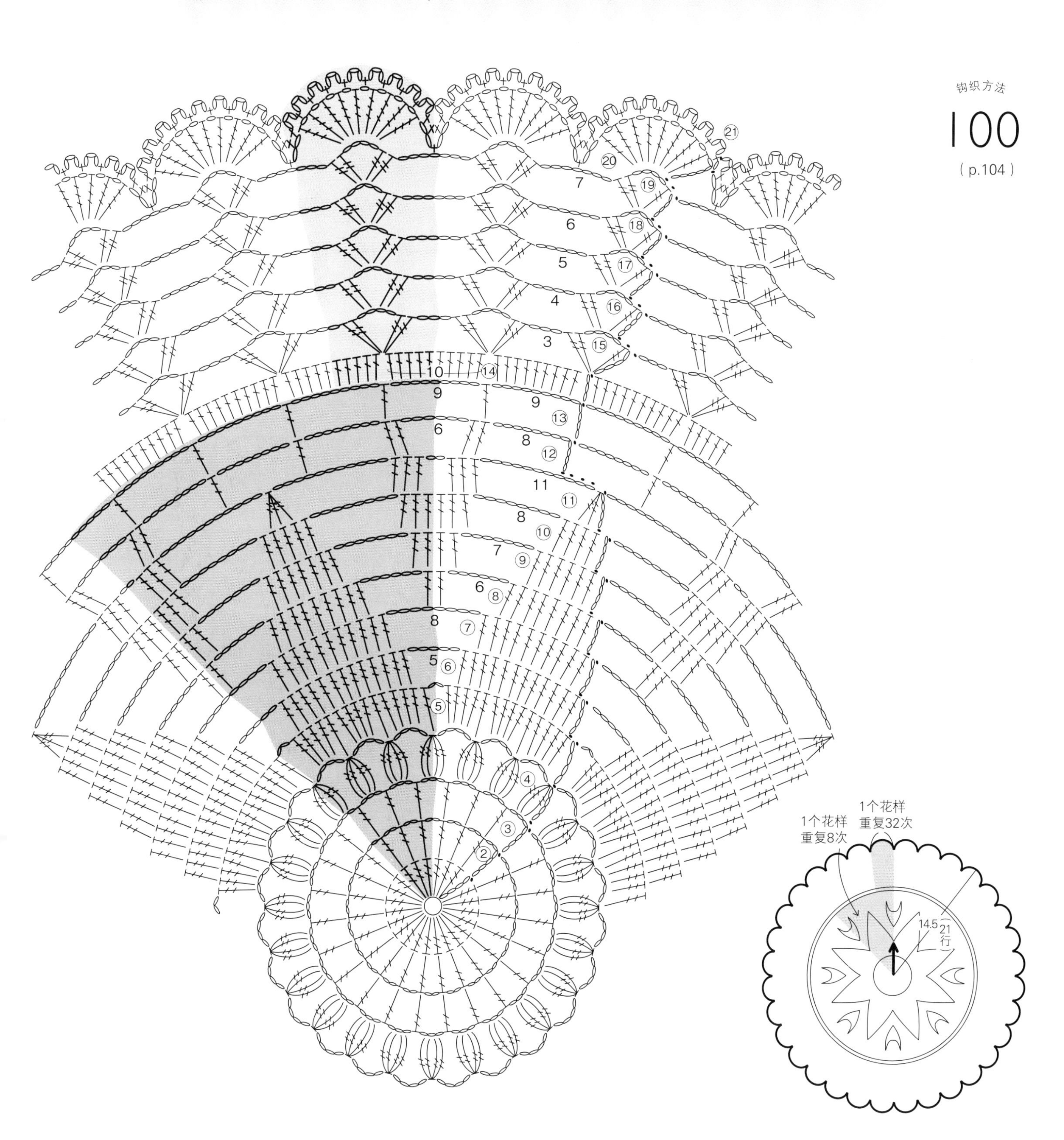

【材料和工具】

线…DARUMA 40号蕾丝线
原白色（13）39g
针…蕾丝针8号

【成品尺寸】

长径37cm

【钩织要点】

花片（参照p.8）钩8针锁针连接成环形起针，立织3针锁针，在起针的线环里钩4针长针。接着重复2次“3针锁针、5针长针”，再钩3针锁针后在起点引拔。第3行长针的枣形针是在前一行的2个5针锁针里整段挑针，分别钩3针未完成的长针，然后一次性引拔穿过针上的所有针目，再钩1针锁针收紧。第4行位于枣形针上的长针是在收紧后的锁针里挑针钩织。第5、6行按符号图钩织。

钩织第2个花片时，在最后一行与第1个花片做连接。长针处用长针做连接（参照p.146），锁针处用引拔针做连接（参照p.145）。连接6个花片时，第3~6个花片在第2个花片的根部上做连接。连接24个花片后，在指定位置加线钩织边缘。

钩织方法

49

（p.35）

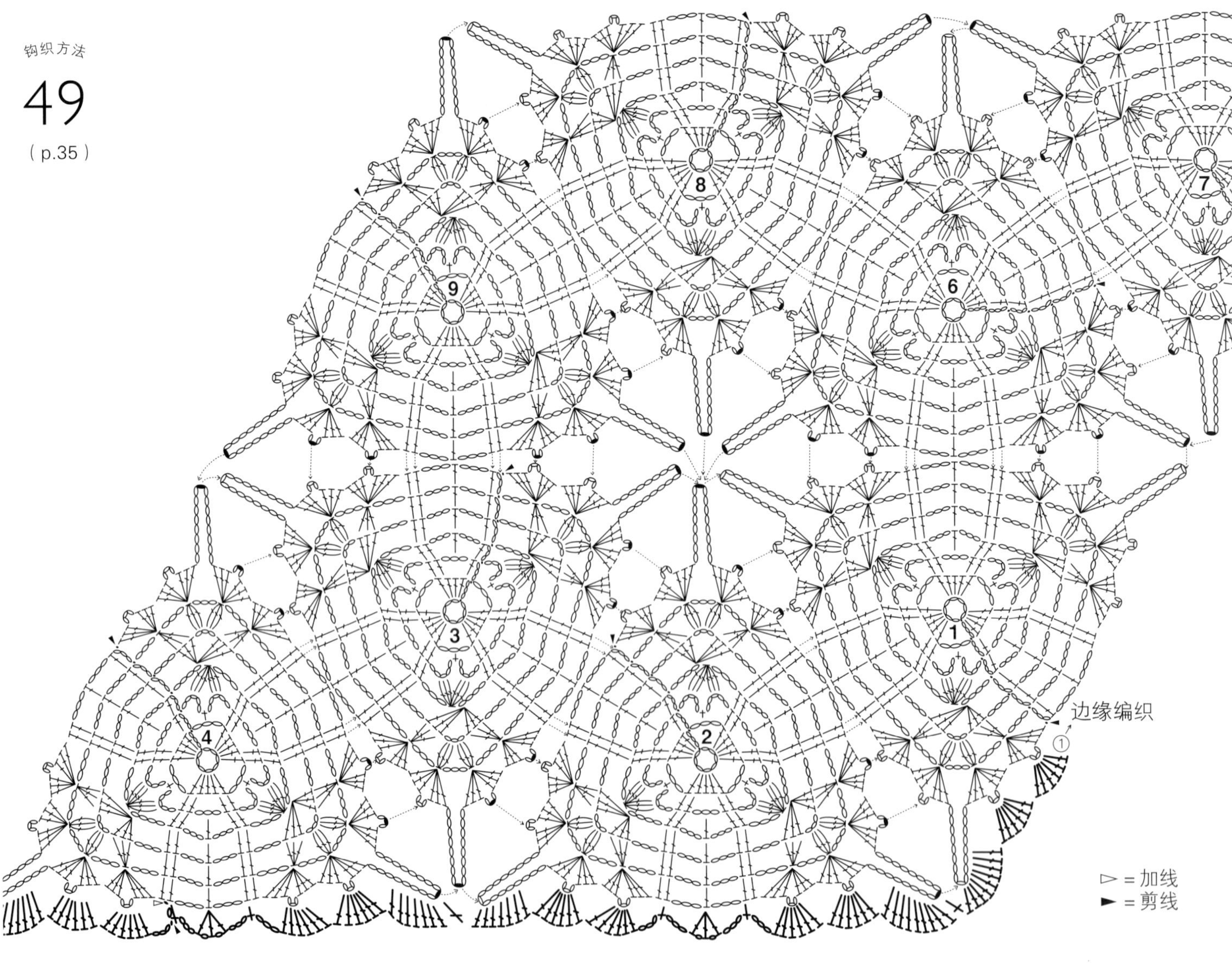

（边缘编织）
0.5（1行）

24	23	22	21	20
19	18	17	16	15	14	13
12	11	10	9	8	6	7
5	4	3	2	1

9
9
37

※花片的编织图请参照p.8（3）。

【材料和工具】

线…DARUMA 40号蕾丝线 白色（1）28g

针…蕾丝针6号

【成品尺寸】

32cm×32cm

【钩织要点】

花片（参照p.12）钩5针锁针连接成环形起针，立织4针锁针。接着在起针的线环里重复7次“4针锁针、1针长长针”，再钩1针锁针，用长针与起点做连接。第2行的终点先钩1针锁针，再用中长针与起点做连接。第3行的终点先钩1针锁针，再用长长针与起点做连接。第4行的长长针以及“2针长长针的枣形针”都是在前一行的锁针上整段挑针钩织。由于长长针和3卷长针比较多，注意针目要钩织得紧致一点。第9行转角处的“2针3卷长针的枣形针”是在7针锁针起立针的第1针的半针和里山挑针钩织。

钩织第2个花片时，在最后一行用引拔针与第1个花片做连接。连接4个花片后，在指定位置加线钩织边缘。

钩织方法

51

（p.36）

※花片的编织图请参照p.12（5）。

【材料和工具】

线…奥林巴斯 金票40号蕾丝线 白色（801）13g、深红色（192）8g

针…蕾丝针8号

【成品尺寸】

短径29cm

【钩织要点】

花片（参照p.9）钩6针锁针连接成环形起针，立织1针锁针。在起针的线环里重复钩织"1针短针、3针锁针"，终点先钩1针短针，再用长针与起点做连接。第2行的"5针长针的枣形针"、第3行开始的网格针部分的短针以及贝壳针都是在前一行的锁针上整段挑针钩织。行与行的连接处先钩锁针，再用长针（或中长针）与起点做连接。第7行将线剪断，加入深红色线钩织第8行。

钩织第2个花片时，在最后一行用短针与第1个花片做连接（参照p.146）。花片转角处在钩织最后1个连接花片时分别在其他花片上各钩1针短针做连接。连接12个花片后，在指定位置加入深红色线钩织边缘。

钩织方法

50

（p.35）

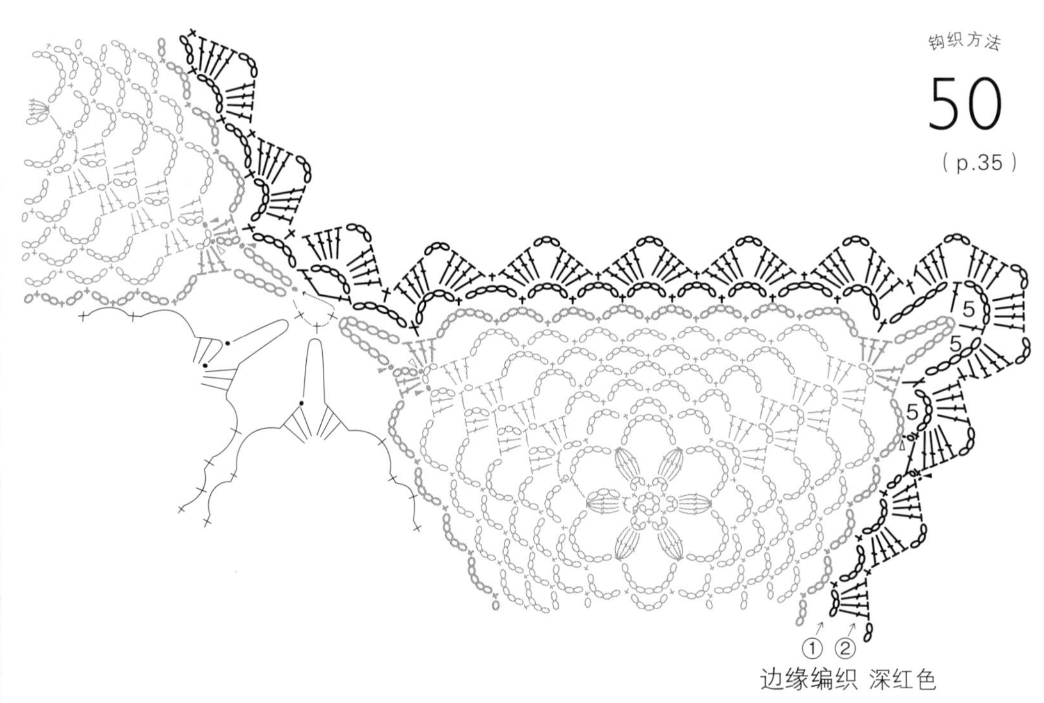

※花片的编织图请参照p.9（2）。

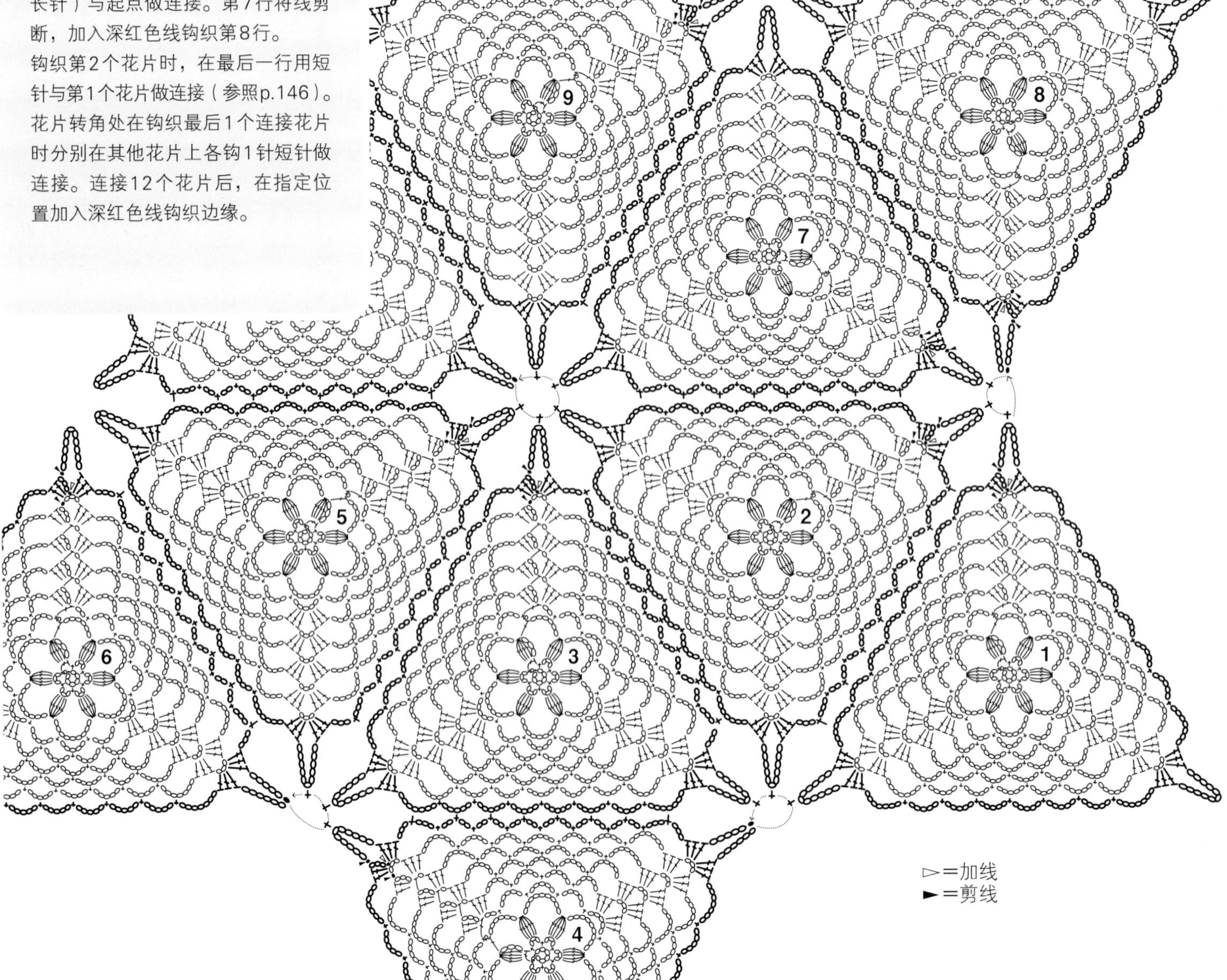

▷=加线
►=剪线

【材料和工具】

线…DARUMA 40号蕾丝线
原白色（13）27g
针…蕾丝针8号

【成品尺寸】

27cm × 27cm

【钩织要点】

花片（参照p.16）用线头做环形起针，立织4针锁针。接着在起针的线环里重复3次“2针锁针、1针长针、2针锁针、1针长长针”，再钩“2针锁针、1针长针、2针锁针”后在起点钩引拔针。第2行的“3针长针的枣形针”以及“3针长长针的枣形针”分别在前一行针目的头部挑针钩织。第4~8行钩织转角处的“5针长针的爆米花针”（参照p.142）时，要收紧针目的头部。下一行的爆米花针是在前一行爆米花针引拔后的针目（第1针长针）的头部挑针钩织。中间的长针是在锁针上整段挑针钩织，或者在前一行长针的头部挑针钩织。

钩织第2个花片时，在最后一行与第1个花片做连接。长针处用长针做连接，转角处在锁针的顶部用引拔针做连接。一共连接9个花片。

钩织方法

52

（p.37）

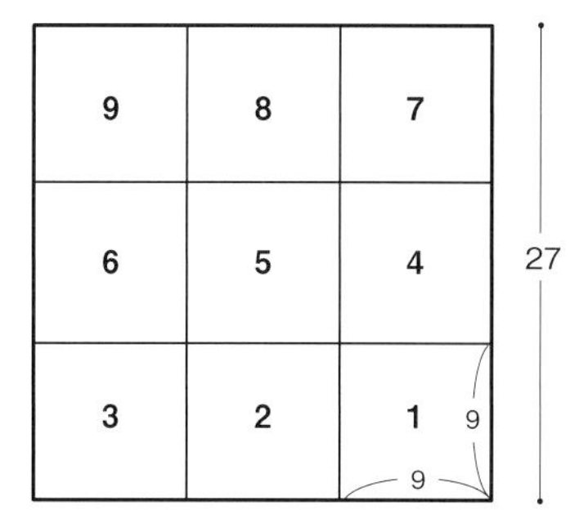

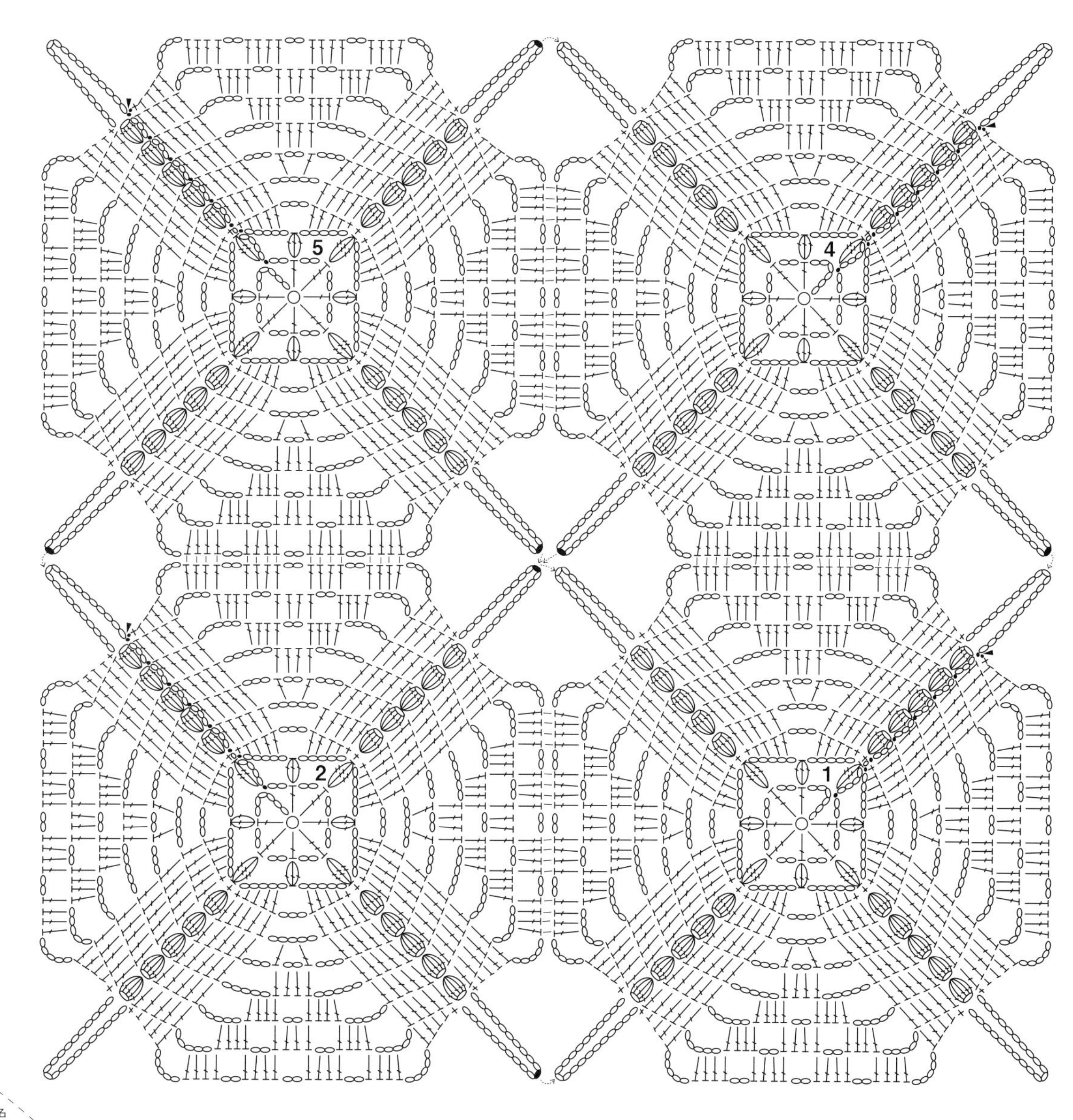

►=剪线

※花片的编织图请参照p.16（14）。

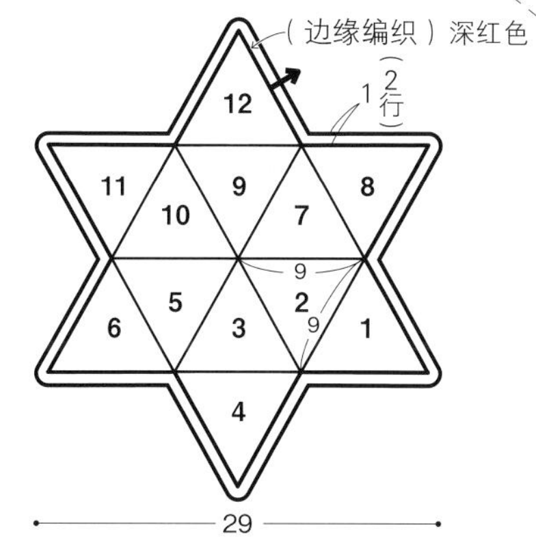

【材料和工具】

线…DARUMA 40号蕾丝线 白色(1) 24g

针…蕾丝针8号

【成品尺寸】

长径35.5cm

【钩织要点】

花片钩9针锁针连接成环形起针，立织3针锁针。接着在起针的线环里重复5次“2针锁针、2针长针、3针锁针的狗牙针、2针长针”，再钩“2针锁针、2针长针、3针锁针的狗牙针、1针长针”后在起点钩引拔针。第2行的起点要钩引拔针至起立针的位置，终点先钩2针锁针，再用3卷长针与起点做连接。按符号图钩织至第9行，枣形针是在前一行的锁针上整段挑针钩织，注意收紧针目的头部。

钩织第2个花片时，在最后一行用引拔针与第1个花片做连接。与5针锁针的狗牙针做连接时，按“3针锁针、1针引拔针、3针锁针”进行连接。连接7个花片后，在指定位置加线钩织边缘。

钩织方法

54

(p.38、39)

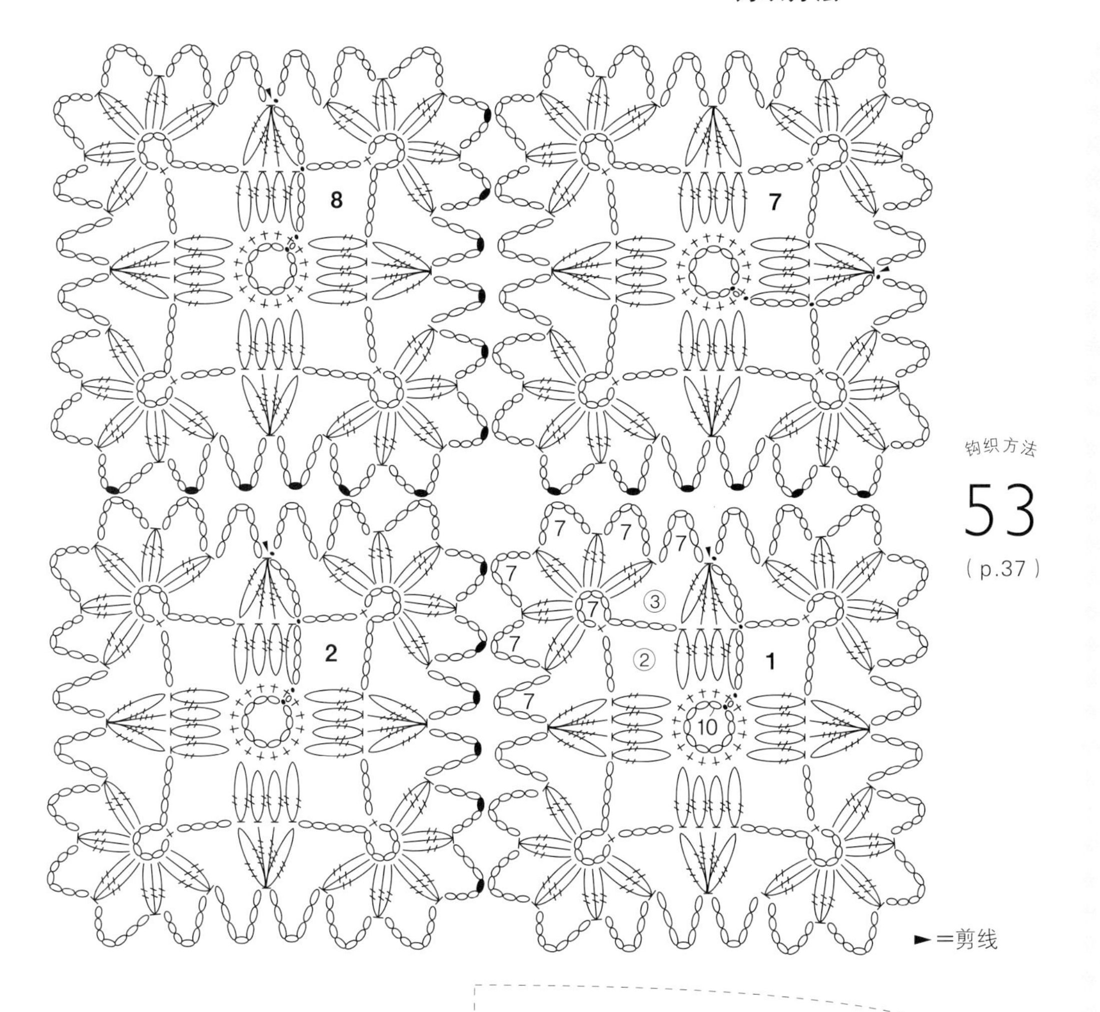

钩织方法

53

（p.37）

【材料和工具】

线…DARUMA 40号蕾丝线 原白色（13）35g

针…蕾丝针8号

【成品尺寸】

30cm×30cm

【钩织要点】

花片钩10针锁针连接成环形起针，立织1针锁针。在起针的线环里钩16针短针。第2行在前一行的1针短针里钩织“2针长长针的枣形针”，转角处钩12针锁针后往回数8针，钩短针固定后再钩4针锁针。第3行在前一行的枣形针上依次钩织“2针未完成的3卷长针、1针未完成的3卷长针、1针未完成的3卷长针、2针未完成的3卷长针”，然后在针上挂线一次性引拔。转角处在7针锁针的线环里整段挑针，重复5次“3针长长针的枣形针、7针锁针”。钩织枣形针时，要收紧针目的头部。

钩织第2个花片时，在最后一行用引拔针与第1个花片做连接。一共连接36个花片。

36	35	34	33	32	31
30	29	28	27	26	25
24	23	22	21	20	19
18	17	16	15	14	13
12	11	10	9	8	7
6	5	4	3	2	1

30（宽） 30（高） 5 5

编织）

7 6 5 4 3 2 1 6.5 6.5

35.5

●＝钩织5针锁针的狗牙针

除●以外的转角处按“3针锁针、1针引拔针、3针锁针”钩织

钩织方法

28

（p.22）

※线、针、钩织方法请参照p.110（54）。

钩织方法

63

(p.56)

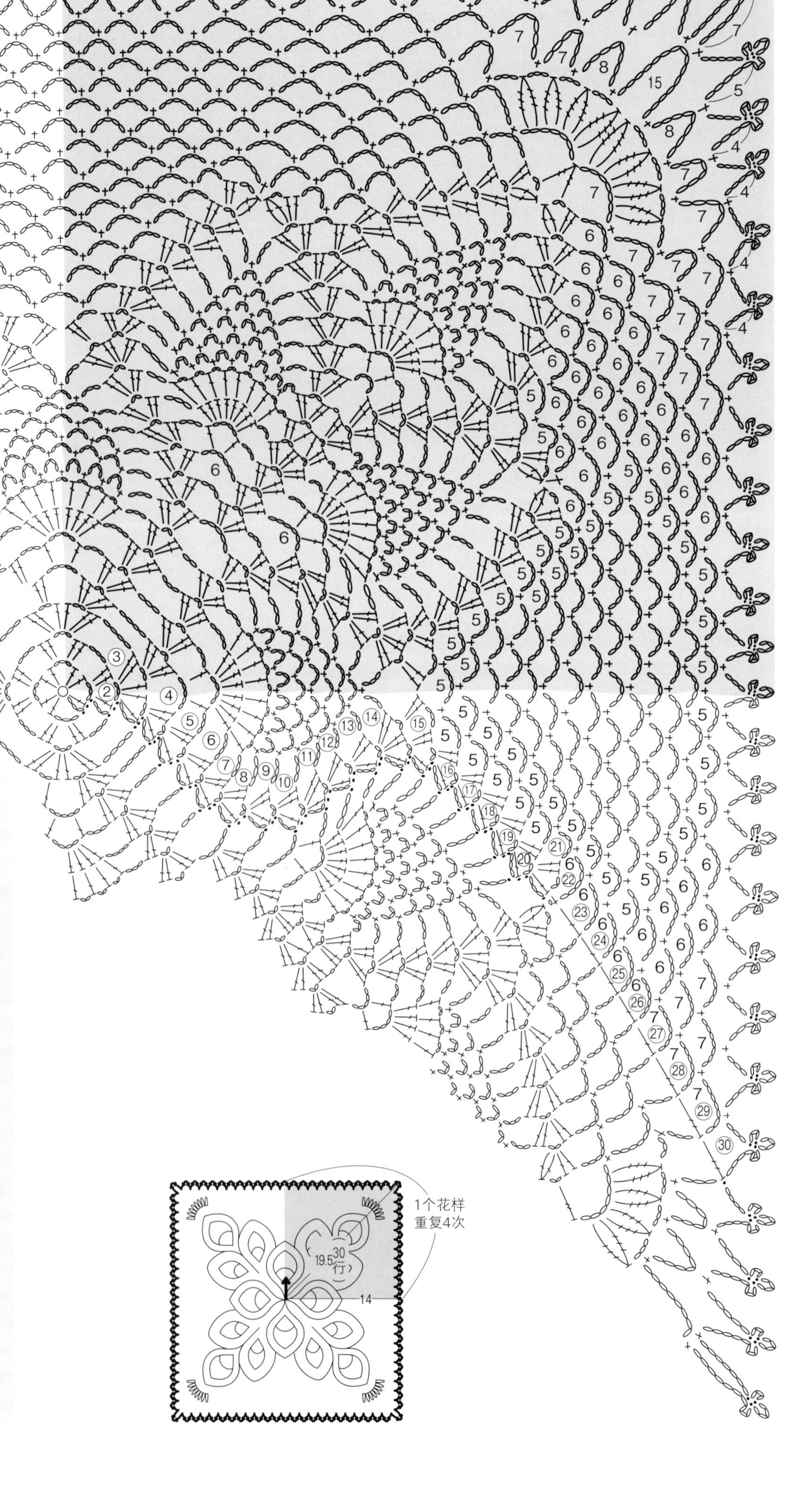

【材料和工具】

线…奥林巴斯 金票40号蕾丝线 白色（801）25g

针…蕾丝针8号

【成品尺寸】

28cm×28cm

【钩织要点】

用线头做环形起针，立织3针锁针。在起针的线环里重复钩织2针长针和3针锁针。第2行的起点要钩引拔针至起立针的位置。第2行的长针是在前一行的锁针上整段挑针钩织。网格针部分的短针是在前一行的锁针上整段挑针钩织。从第22行开始，行与行的连接处先钩锁针，再用长针（或长长针）与起点做连接。第30行钩织狗牙针（参照p.144）时，要钩织的大小一致。

【材料和工具】

线…奥林巴斯 金票40号蕾丝线 原白色（731）30g

针…蕾丝针8号

【成品尺寸】

直径29cm

【钩织要点】

用线头做环形起针，立织3针锁针。接着在起针的线环里重复钩织“1针锁针、1针长针”。第2行立织1针锁针，短针和长针都是在前一行的锁针上整段挑针钩织。第5行的起点要钩引拔针至起立针的位置。钩织“5针长针的爆米花针”（参照p.142）时，要收紧针目的头部。从第26行开始，往返钩织至第31行。在指定位置加线，边缘再钩织31个菠萝花样。

钩织方法

68

（p.61）

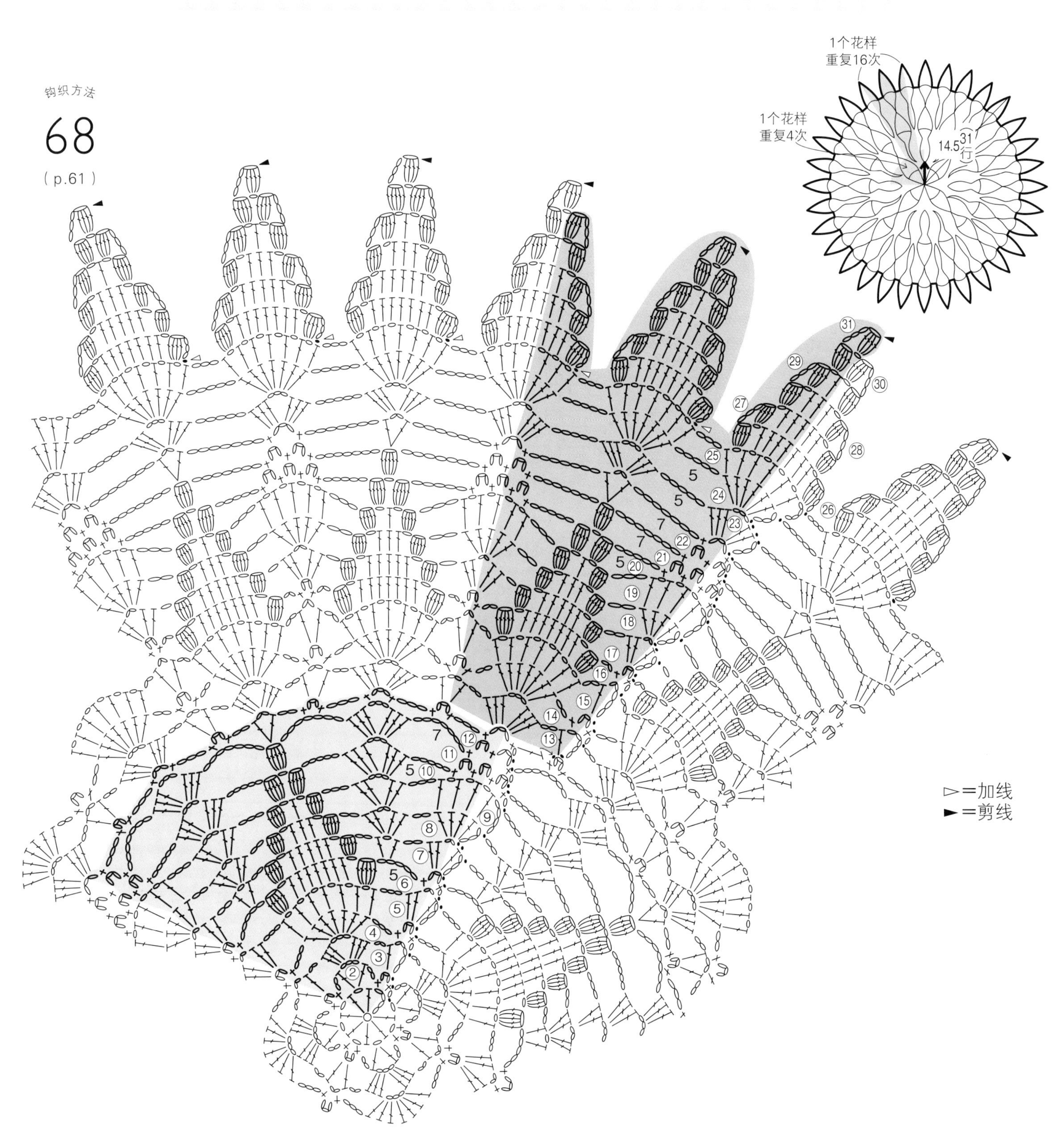

【材料和工具】

线…奥林巴斯 金票40号蕾丝线
白色(801)46g
针…蕾丝针8号

【成品尺寸】

35cm×36cm

【钩织要点】

方眼花样是用“1针长针、2针锁针”组成框架(=基础方格),用“2针长针”填充图案部分。钩织方法请参照p.146~148。
钩202针锁针(67格)起针,从锁针的里山挑针开始钩织。参照图案钩织长针和锁针。钩织长针时,前一行是长针的要从长针的正中间挑针,前一行是锁针的要在锁针上整段挑针。从正中间挑针钩织的长针纵向会变短,所以要将针目稍微拉长一点。方眼花样结束后,接着钩织边缘。长针是在针目头部的2根线里挑针,锁针和行上是整段挑针,钩织短针和4针锁针的狗牙拉针时注意调整形状。

方眼花样的图案

钩织方法

73

(p.73)

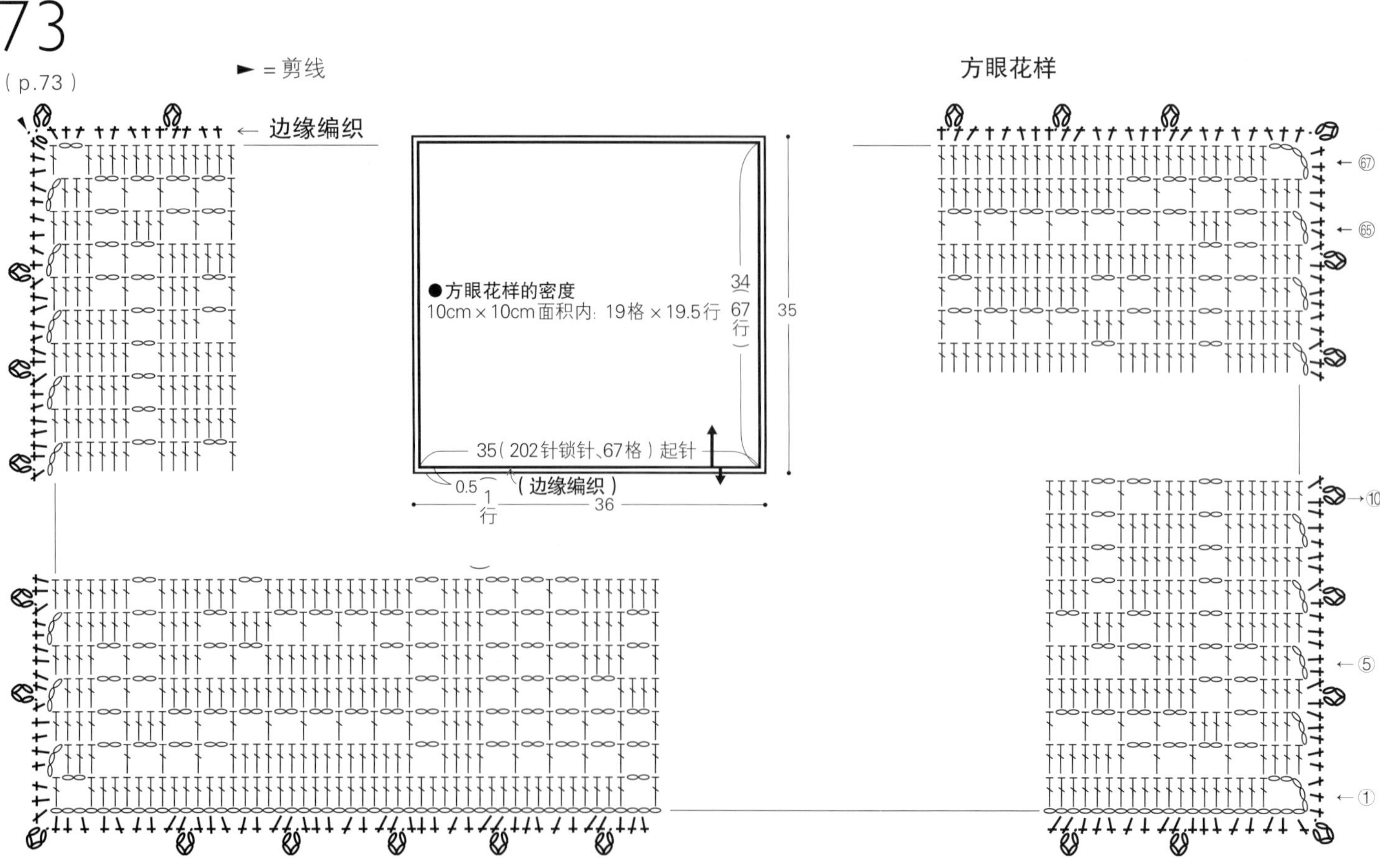

钩织方法

74

(p.73)

【材料和工具】

线…奥林巴斯 金票40号蕾丝线 红色(192)42g

针…蕾丝针8号

【成品尺寸】

31.5cm×34cm

【钩织要点】

方眼花样是用"1针长针、2针锁针"组成框架(=基础方格),用"2针长针"填充图案部分。钩织方法请参照p.146~148。

钩196针锁针(65格)起针,从锁针的里山挑针开始钩织。参照图案钩织长针和锁针。钩织长针时,前一行是长针的要从长针的正中间挑针,前一行是锁针的要在锁针上整段挑针。从正中间挑针钩织的长针纵向会变短,所以要将针目稍微拉长一点。

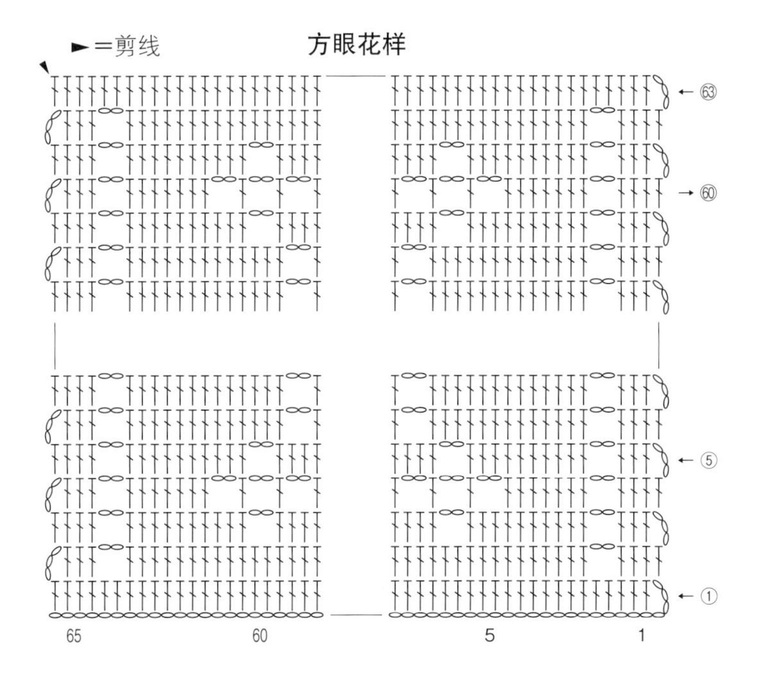

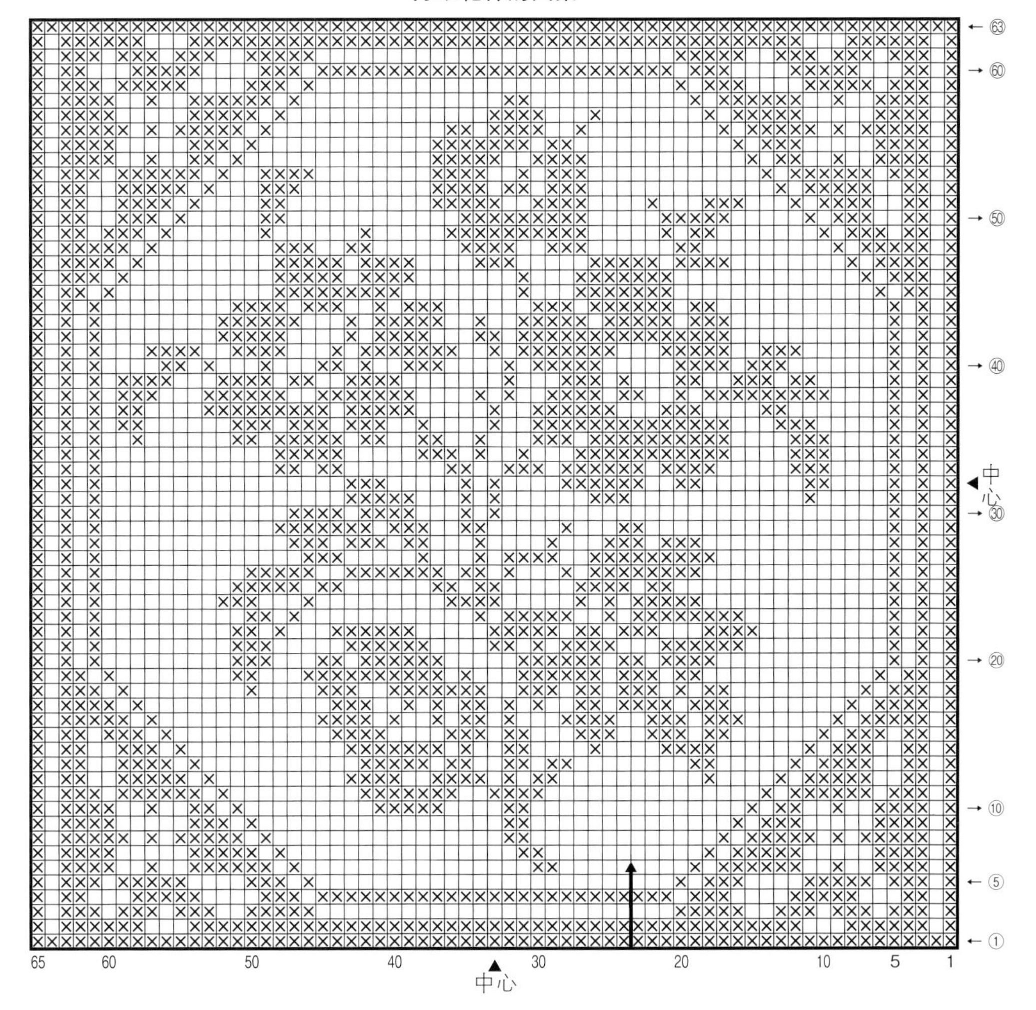

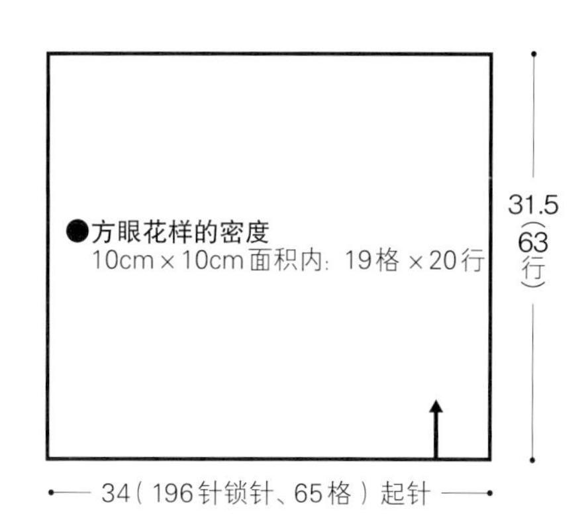

☒=

【材料和工具】

线…奥林巴斯 金票40号蕾丝线 白色（801）36g

针…蕾丝针8号

【成品尺寸】

27cm×36cm

【钩织要点】

方眼花样是用"1针长针、2针锁针"组成框架（ ＝基础方格），用"2针长针"填充图案部分。相当于2格的位置钩织"1针长针、5针锁针"。钩织方法请参照p.146~148。

钩202针锁针（67格）起针，从锁针的里山挑针开始钩织。参照图案钩织长针和锁针。钩织长针时，前一行是长针的要从长针的正中间挑针，前一行是锁针的要在锁针上整段挑针。从正中间挑针钩织的长针纵向会变短，所以要将针目稍微拉长一点。

方眼花样结束后，接着钩织边缘。从锁针和行上整段挑针，钩织1行短针调整形状。

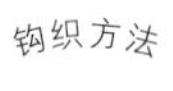

75

（p.74）

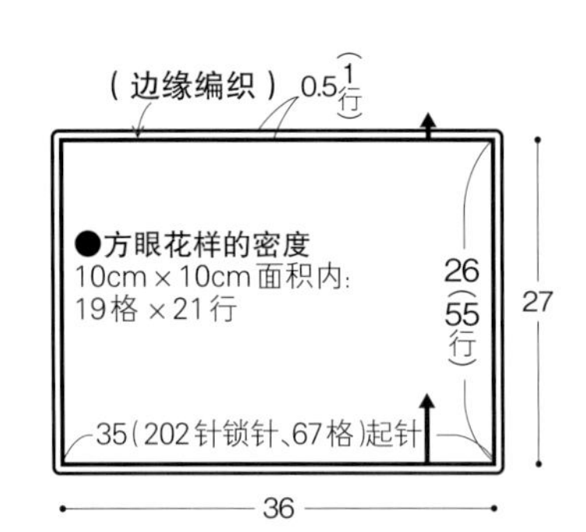

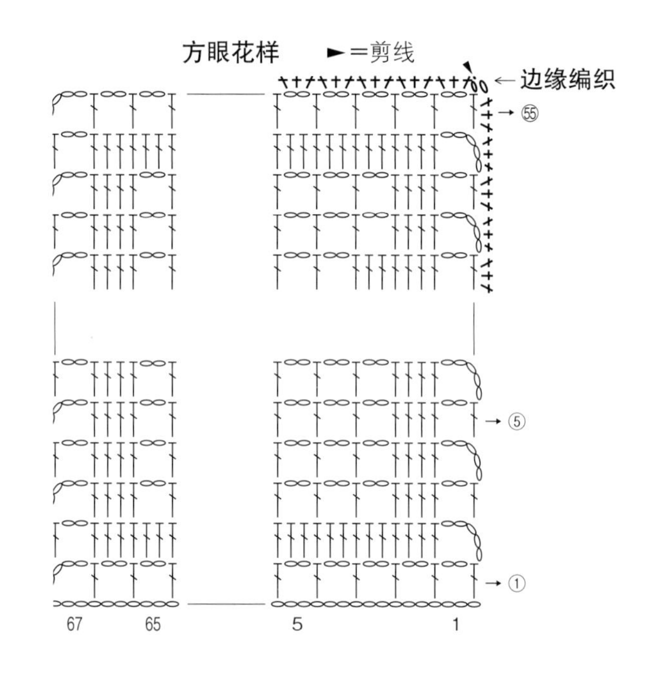

方眼花样的图案

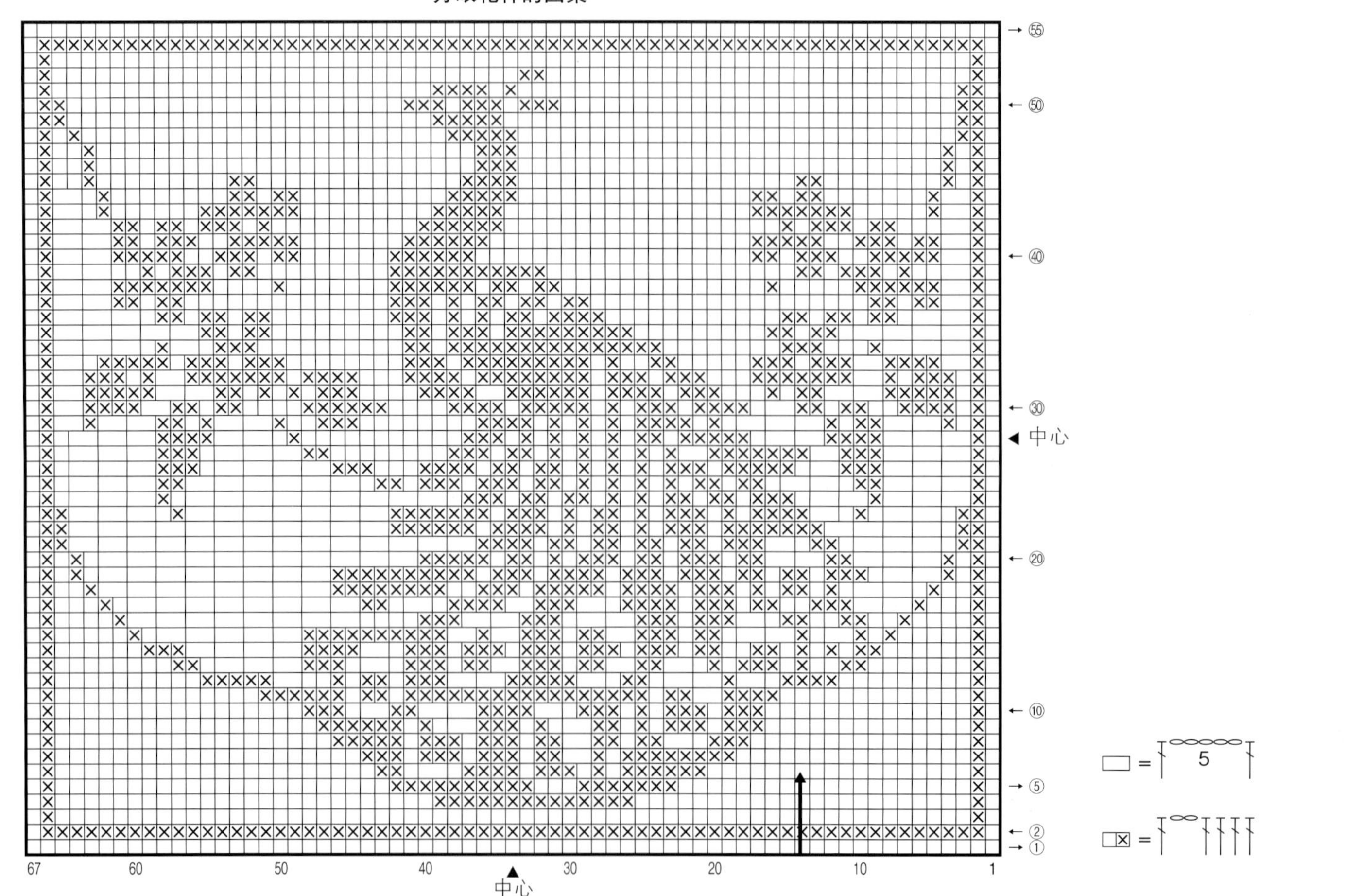

钩织方法
76
（p.75）

方眼花样

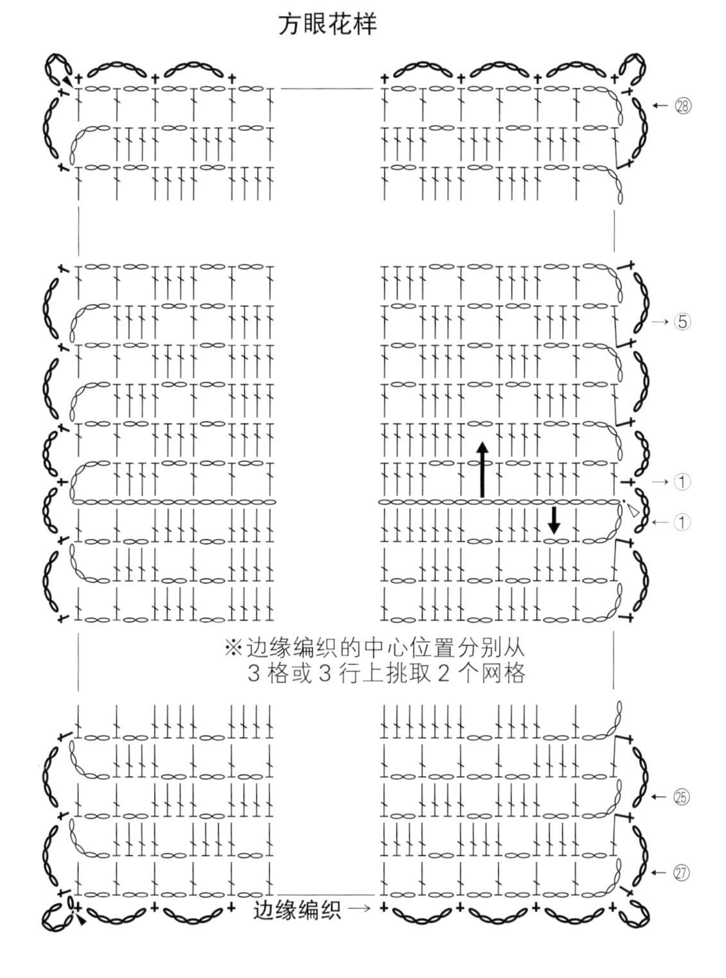

【材料和工具】

线…奥林巴斯 金票40号蕾丝线 灰米色（813）27g

针…蕾丝针8号

【成品尺寸】

26.5cm×26.5cm

【钩织要点】

方眼花样是用“1针长针、2针锁针”组成框架（=基础方格），用“2针长针”填充图案部分。钩织方法请参照p.146~148。

钩166针锁针（55格）起针，从锁针的里山挑针开始钩织。参照图案钩织长针和锁针。钩织长针时，前一行是长针的要从长针的正中间挑针，前一行是锁针的要在锁针上整段挑针。从正中间挑针钩织的长针纵向会变短，所以要将针目稍微拉长一点。上半部分钩织完成后将线剪断。下半部分从起针时的锁针上挑针（没有钩织长针的锁针上则要整段挑针），按上半部分相同要领钩织。方眼花样结束后，接着钩织边缘。长针是在针目头部的2根线里挑针，行上也将边针分隔开挑针，钩织短针和锁针。

方眼花样的图案

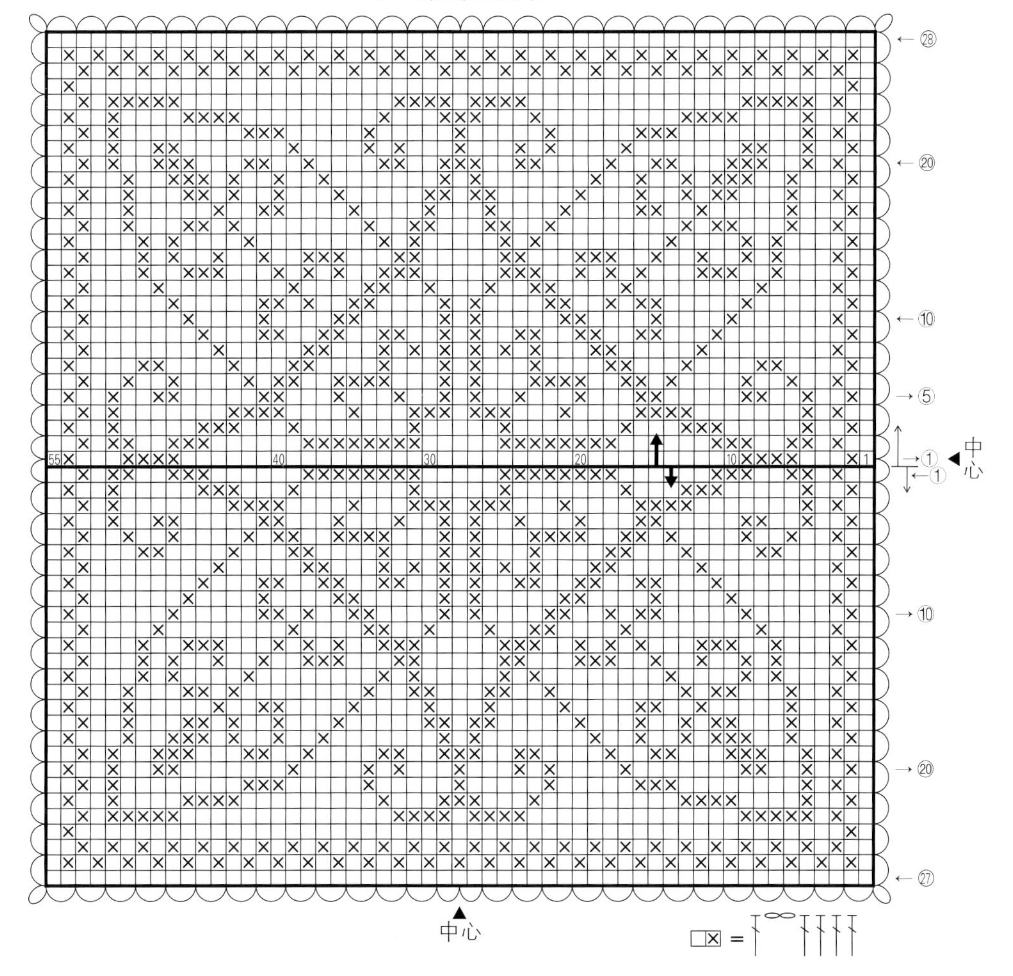

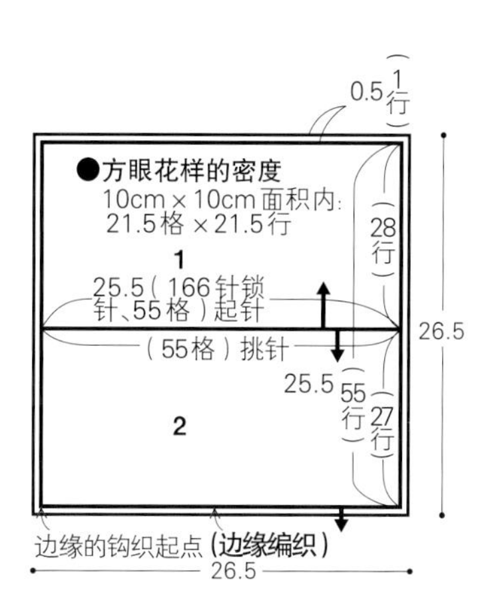

钩织方法

78

（p.76）

【材料和工具】

线…奥林巴斯 金票40号蕾丝线 浅紫色（672）28g

针…蕾丝针8号

【成品尺寸】

27cm×28cm

【钩织要点】

方眼花样是用“1针长针、2针锁针”组成框架（＝基础方格），用“2针长针”填充图案部分。钩织方法请参照p.146~148。

钩133针锁针（44格）起针，从锁针的里山挑针开始钩织。参照图案钩织长针和锁针。钩织长针时，前一行是长针的要从长针的正中间挑针，前一行是锁针的要在锁针上整段挑针。从正中间挑针钩织的长针纵向会变短，所以要将针目稍微拉长一点。方眼花样结束后，接着钩织边缘，从锁针和行上整段挑针钩织5行。

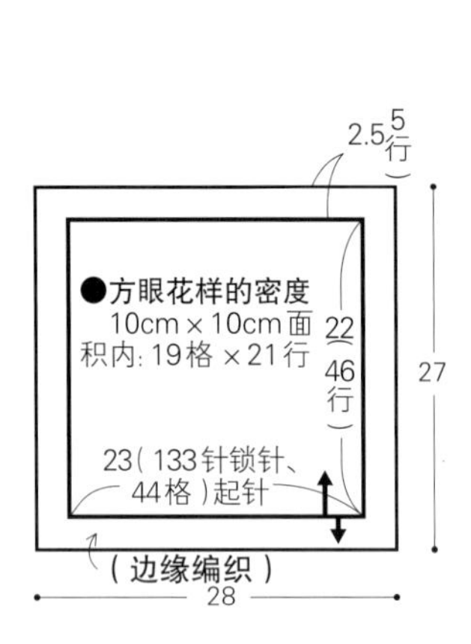

方眼花样的图案

方眼花样

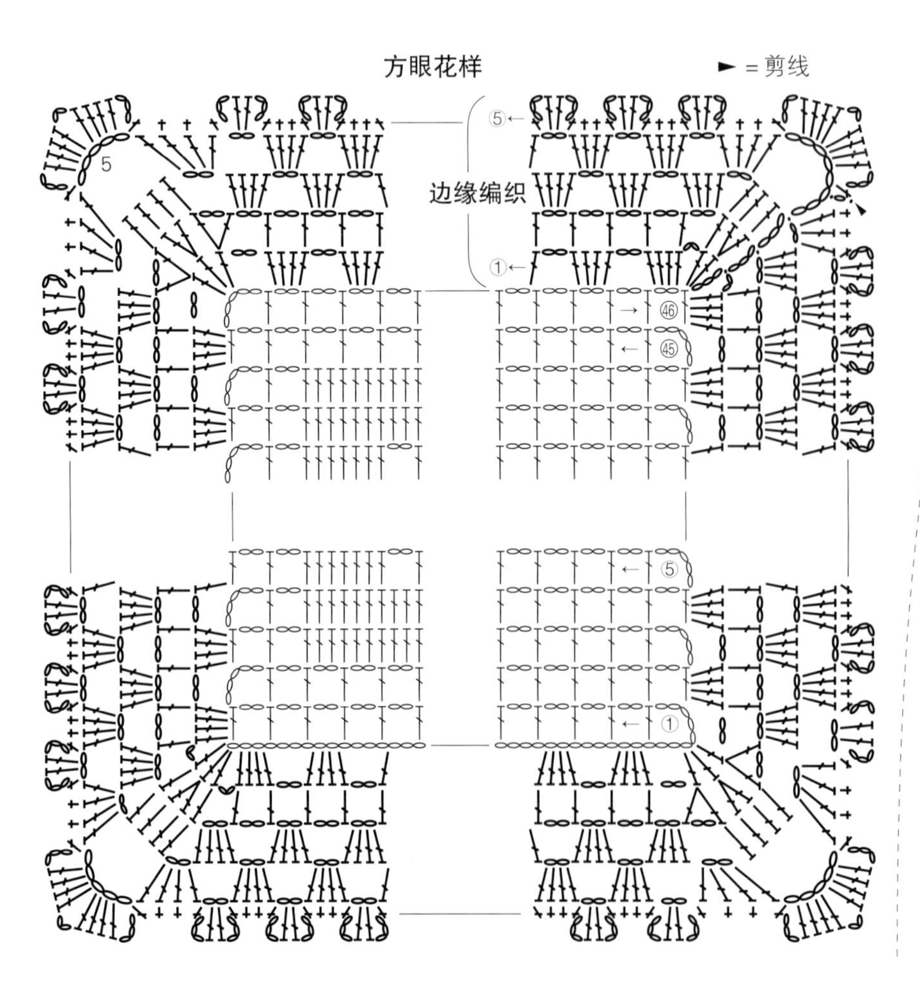

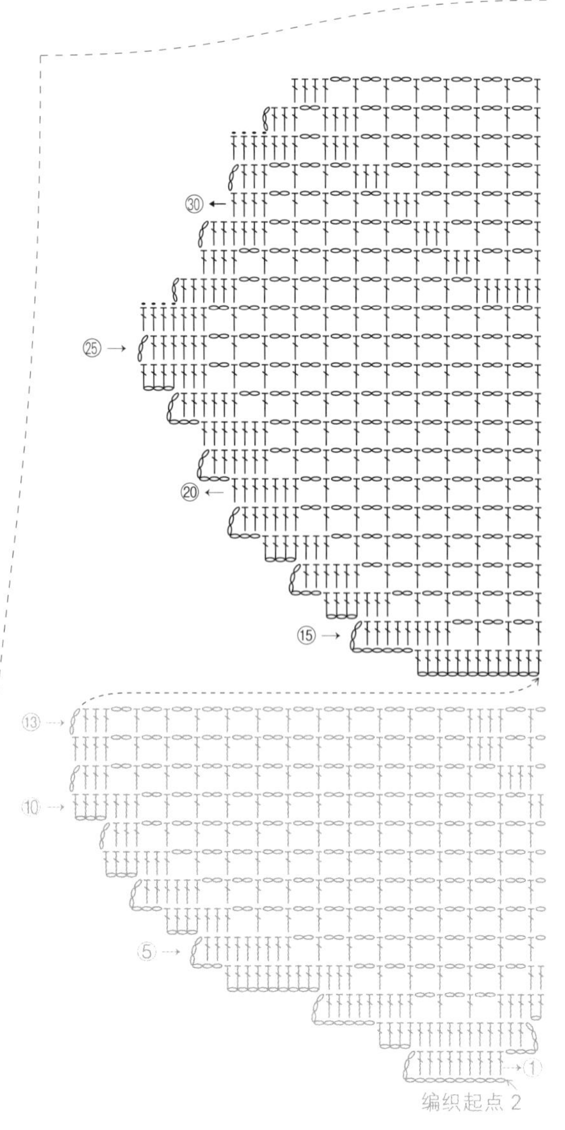

【材料和工具】

线…奥林巴斯 金票40号蕾丝线 灰茶色（455）27g

针…蕾丝针8号

【成品尺寸】

30.5cm×32.5cm

【钩织要点】

方眼花样是用“1针长针、2针锁针”组成框架（＝基础方格），用“2针长针”填充图案部分。钩织方法请参照p.146~148。

右下部分钩10针锁针（3格）起针，从锁针的里山挑针开始钩织。参照图案钩织长针和锁针。钩织长针时，前一行是长针的要从长针的正中间挑针，前一行是锁针的要在锁针上整段挑针。从正中间挑针钩织的长针纵向会变短，所以要将针目稍微拉长一点。在两端增加方格（参照p.146、147），钩织4行后将线剪断。左下部分也按相同要领钩织4行，从第5行开始与右下部分连成一片钩织。从第27行开始，在行的起点减少方格（钩引拔针至下个方格的位置）。先钩织左上部分，再加线钩织右上部分。

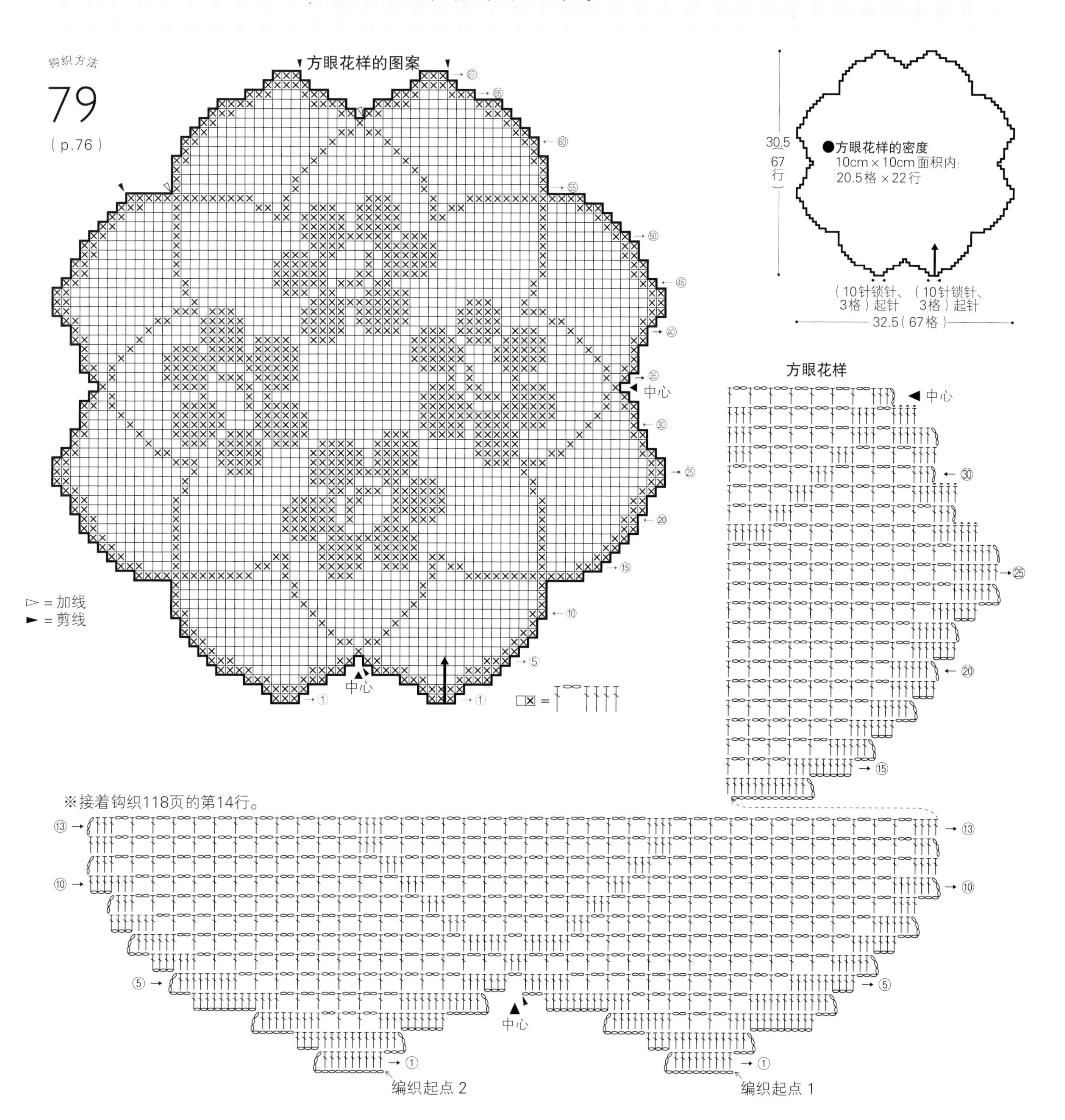

钩织方法

82

（p.80）

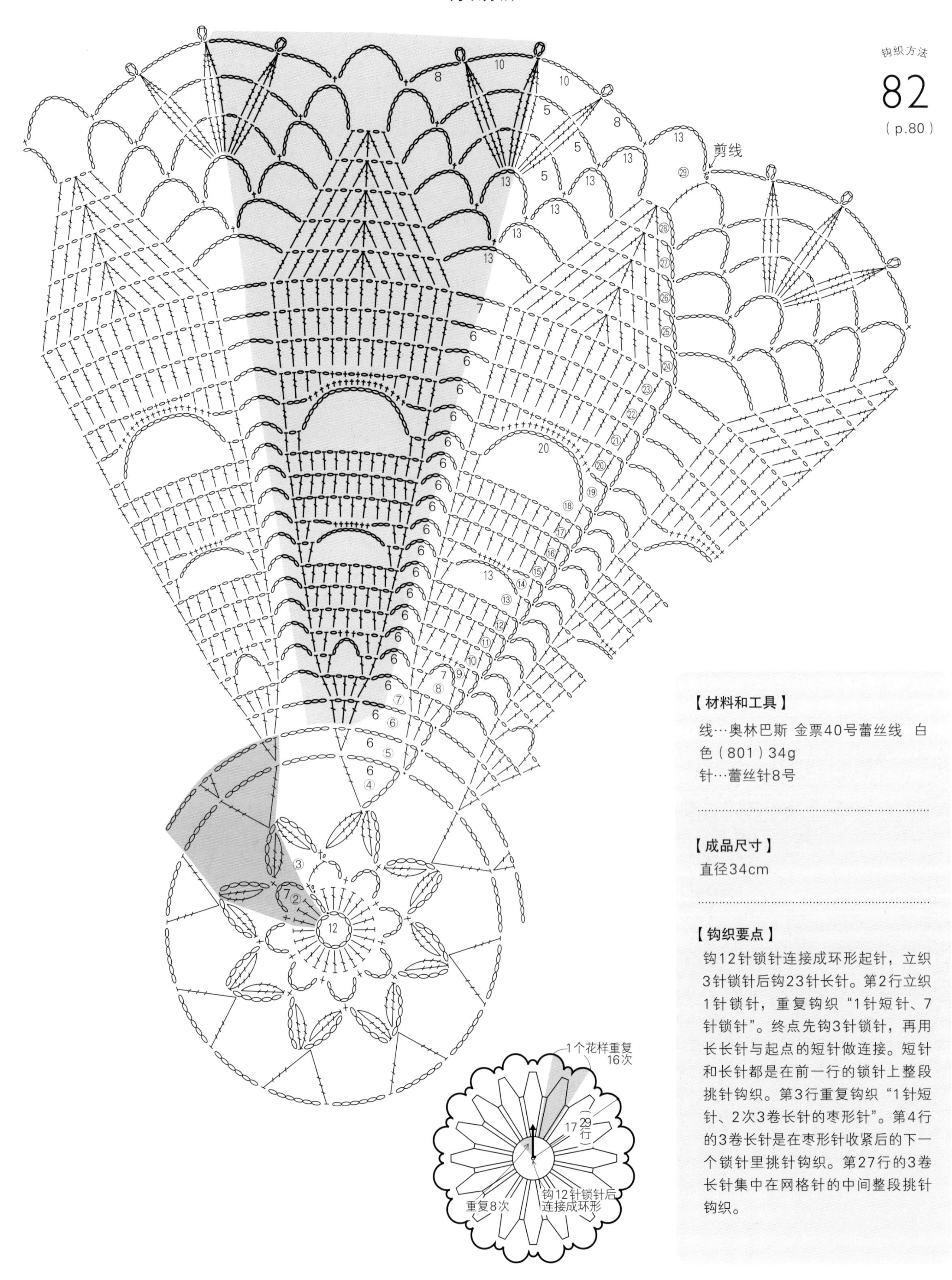

【材料和工具】

线…奥林巴斯 金票40号蕾丝线 白色（801）34g

针…蕾丝针8号

【成品尺寸】

直径34cm

【钩织要点】

钩12针锁针连接成环形起针，立织3针锁针后钩23针长针。第2行立织1针锁针，重复钩织“1针短针、7针锁针”。终点先钩3针锁针，再用长长针与起点的短针做连接。短针和长针都是在前一行的锁针上整段挑针钩织。第3行重复钩织“1针短针、2次3卷长针的枣形针”。第4行的3卷长针是在枣形针收紧后的下一个锁针里挑针钩织。第27行的3卷长针集中在网格针的中间整段挑针钩织。

钩织方法

85

(p.82)

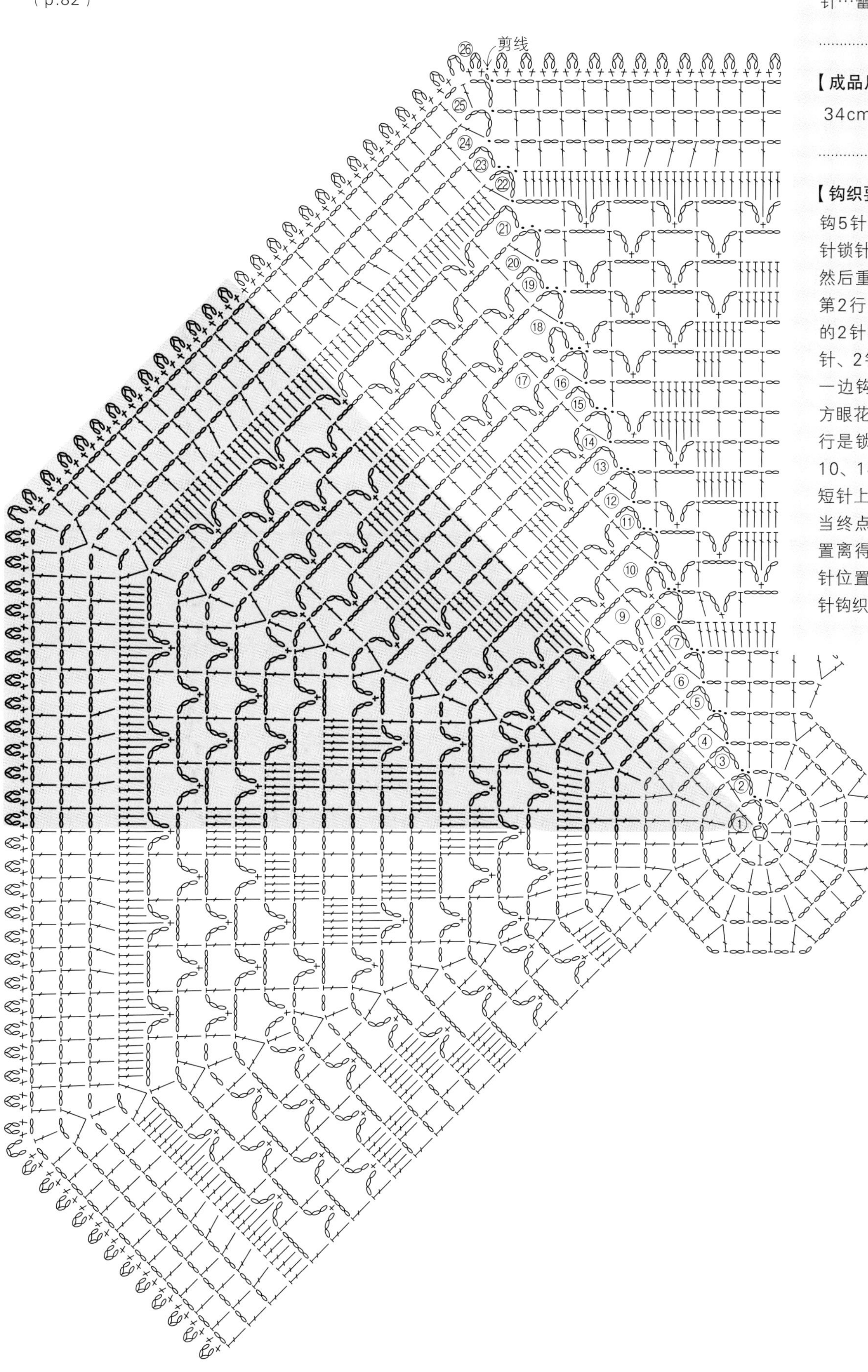

【材料和工具】

线…奥林巴斯 金票40号蕾丝线 白色(801)26g

针…蕾丝针8号

【成品尺寸】

34cm×29cm

【钩织要点】

钩5针锁针连接成环形起针，立织3针锁针，接着钩织方格的2针锁针，然后重复7次“1针长针、2针锁针”。第2行立织3针锁针，接着钩织方格的2针锁针，然后重复钩织“1针长针、2针锁针”。一边在转角处加针，一边钩织“1针长针、2针锁针”的方眼花样至第6行。所有针目在前一行是锁针时均为整段挑针钩织。第10、14、22行在倒八字形中间的短针上钩织长针时，要将针目拉长。当终点与下一行起点的起立针的位置离得较远时，先钩引拔针至起立针位置。第26行的短针也是整段挑针钩织。

1个花样
重复8次
14.5
26行
34
钩5针锁针后连接成环形

钩织方法

81

（p.78、79）

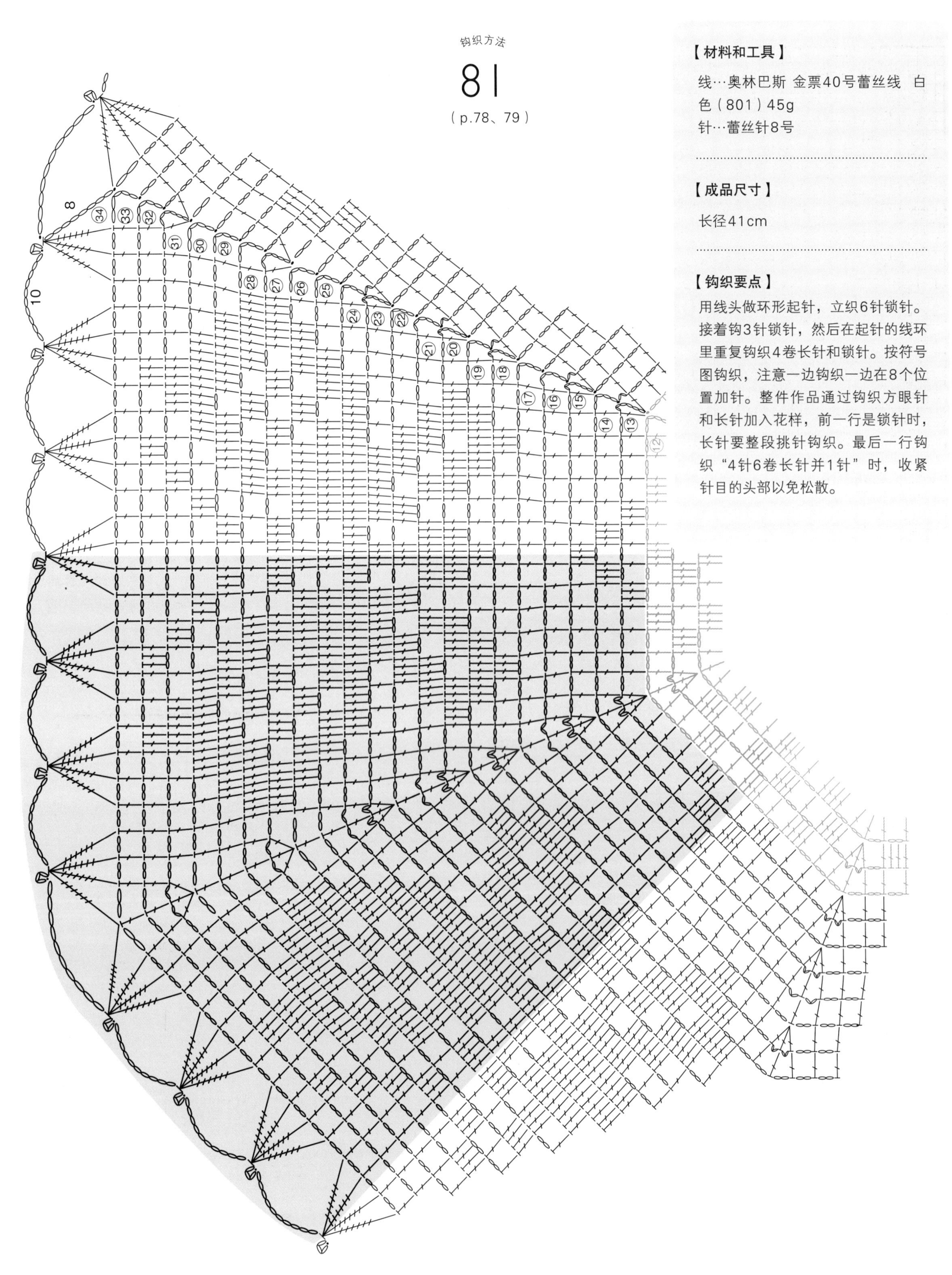

【材料和工具】

线…奥林巴斯 金票40号蕾丝线 白色（801）45g
针…蕾丝针8号

【成品尺寸】

长径41cm

【钩织要点】

用线头做环形起针，立织6针锁针。接着钩3针锁针，然后在起针的线环里重复钩织4卷长针和锁针。按符号图钩织，注意一边钩织一边在8个位置加针。整件作品通过钩织方眼针和长针加入花样，前一行是锁针时，长针要整段挑针钩织。最后一行钩织“4针6卷长针并1针”时，收紧针目的头部以免松散。

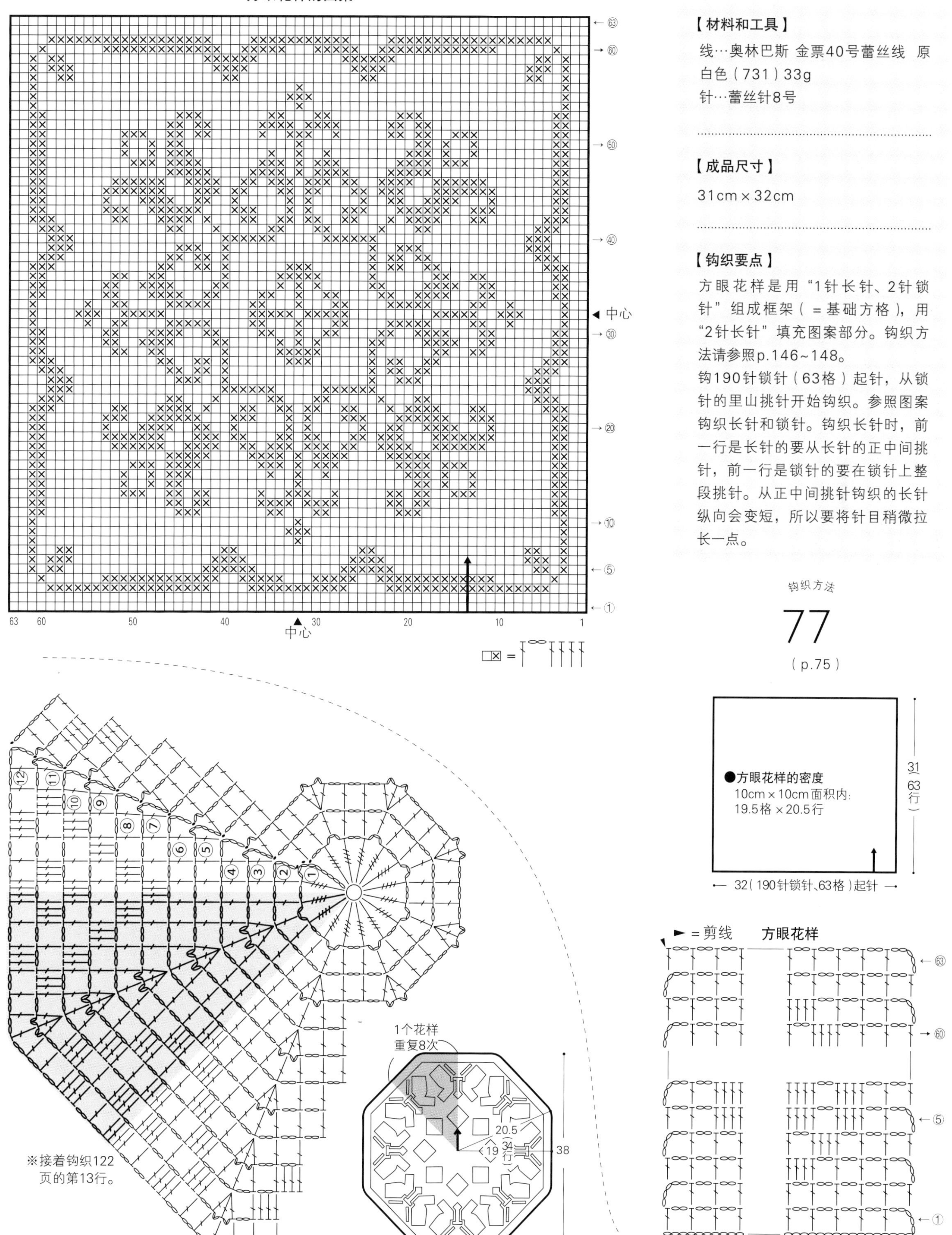

【材料和工具】

线…奥林巴斯 金票40号蕾丝线 原白色（731）33g

针…蕾丝针8号

【成品尺寸】

31cm×32cm

【钩织要点】

方眼花样是用“1针长针、2针锁针”组成框架（=基础方格），用“2针长针”填充图案部分。钩织方法请参照p.146~148。

钩190针锁针（63格）起针，从锁针的里山挑针开始钩织。参照图案钩织长针和锁针。钩织长针时，前一行是长针的要从长针的正中间挑针，前一行是锁针的要在锁针上整段挑针。从正中间挑针钩织的长针纵向会变短，所以要将针目稍微拉长一点。

钩织方法

77

（p.75）

【材料和工具】

线…奥林巴斯 金票40号蕾丝线 原白色（731）23g

针…蕾丝针8号

【成品尺寸】

直径34cm

【钩织要点】

钩10针锁针连接成环形起针，立织1针锁针，接着钩16针短针。第2行立织1针锁针，接着重复钩织“1针短针、5针锁针”。终点先钩3针锁针，再用长针与起点做连接。钩织网格针至第10行，第11行的长针是在1针锁针里钩3针。接下来，所有针目在前一行是锁针时均为整段挑针钩织。锁针针数较多时，紧扣目标位置的锁针钩织。第25~27行的起点要钩引拔针至起立针的位置。

钩织方法

83

（p.81）

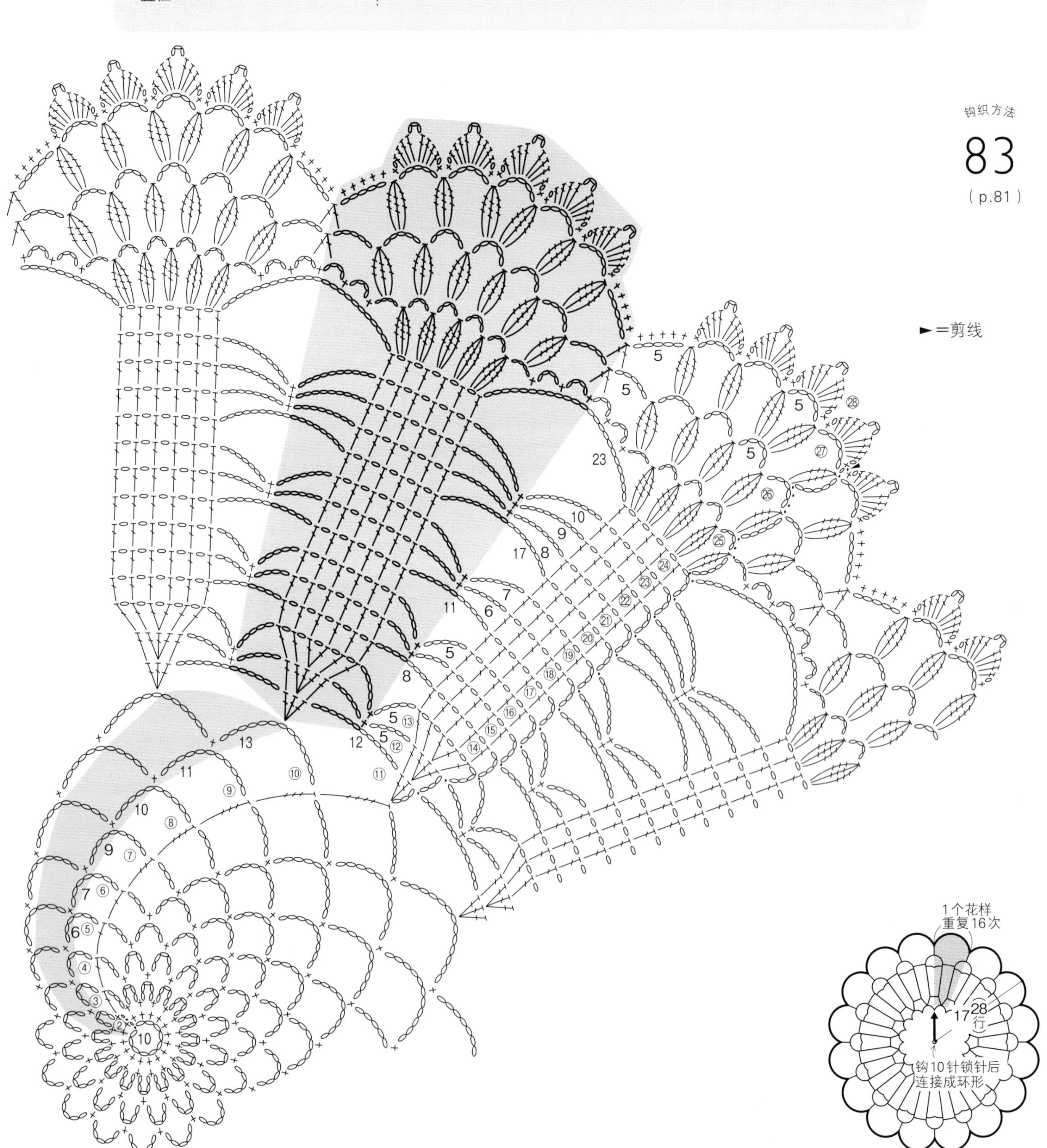

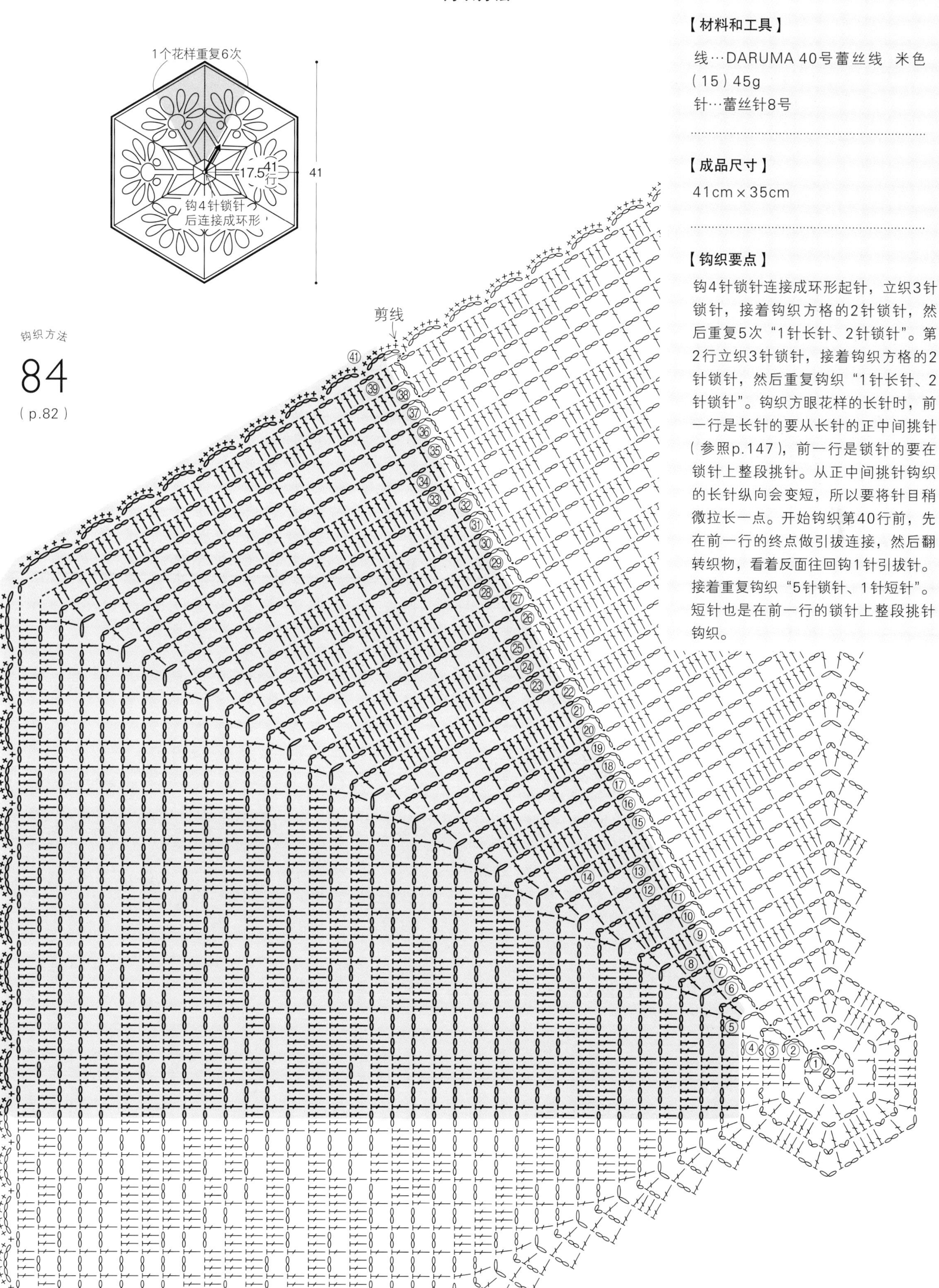

钩织方法

84

(p.82)

【材料和工具】

线…DARUMA 40号蕾丝线　米色（15）45g

针…蕾丝针8号

【成品尺寸】

41cm × 35cm

【钩织要点】

钩4针锁针连接成环形起针，立织3针锁针，接着钩织方格的2针锁针，然后重复5次“1针长针、2针锁针”。第2行立织3针锁针，接着钩织方格的2针锁针，然后重复钩织“1针长针、2针锁针”。钩织方眼花样的长针时，前一行是长针的要从长针的正中间挑针（参照p.147），前一行是锁针的要在锁针上整段挑针。从正中间挑针钩织的长针纵向会变短，所以要将针目稍微拉长一点。开始钩织第40行前，先在前一行的终点做引拔连接，然后翻转织物，看着反面往回钩1针引拔针。接着重复钩织“5针锁针、1针短针”。短针也是在前一行的锁针上整段挑针钩织。

【材料和工具】

线…奥林巴斯 金票40号蕾丝线 原白色（731）27g

针…蕾丝针8号

【成品尺寸】

直径37cm

【钩织要点】

先钩织中心的圆形花片。方眼花样的钩织方法请参照p.146~148。花片2~7钩19针锁针（6格）起针，从锁针的里山挑针开始钩织。参照图示钩织长针和锁针。钩织长针时，前一行是长针的要从长针的正中间挑针，前一行是锁针的要在锁针上整段挑针。从正中间挑针钩织的长针纵向会变短，所以要将针目稍微拉长一点。在行的起点增加方格（参照p.147），减少方格时钩引拔针至下个方格的位置（参照p.148）。从花片的编织终点接着钩织边缘，各部分均为整段挑针钩织短针，并在指定位置的锁针的狗牙针上做连接。

钩织方法

86

（p.83）

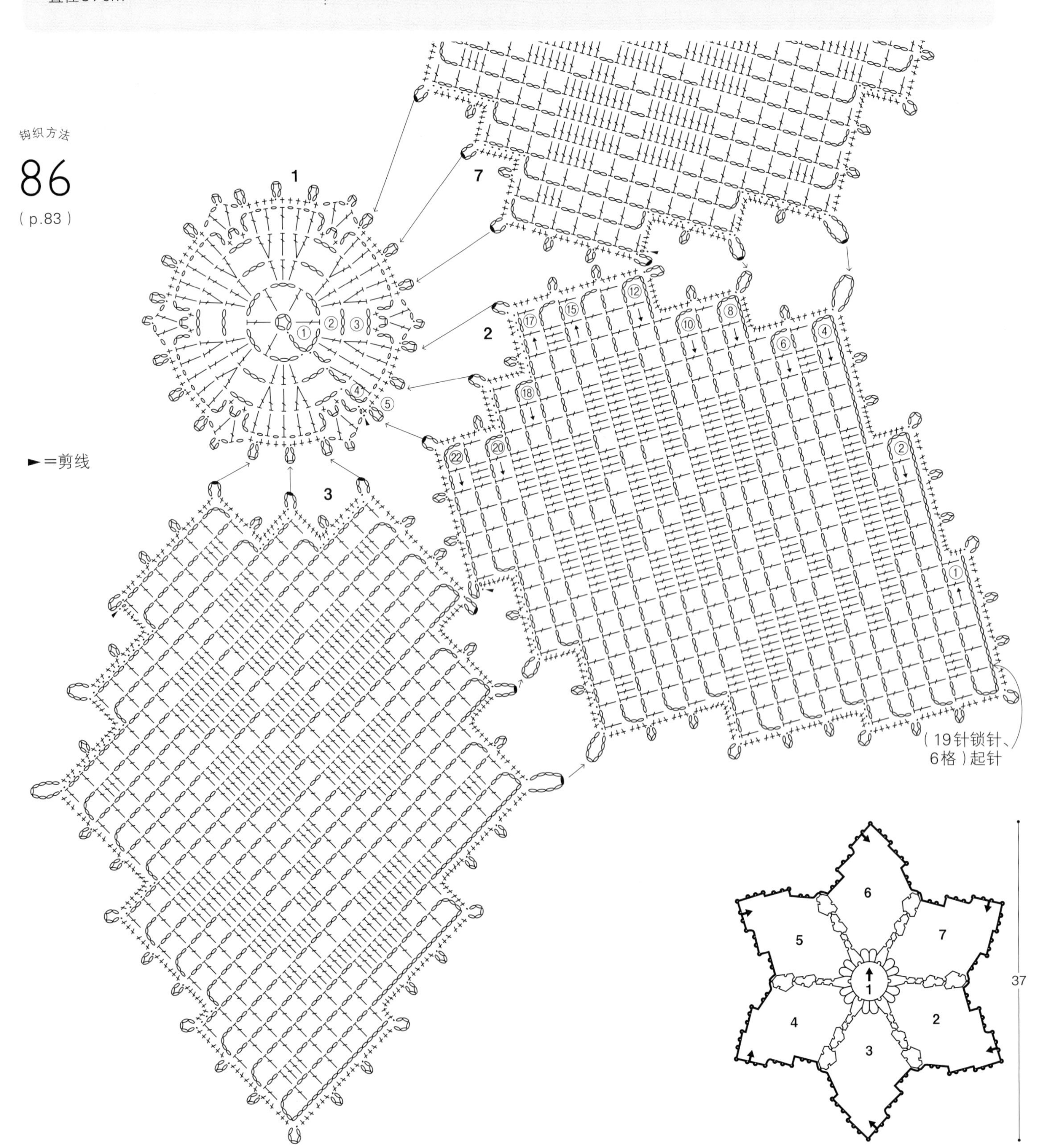

钩织方法

80

（p.77）

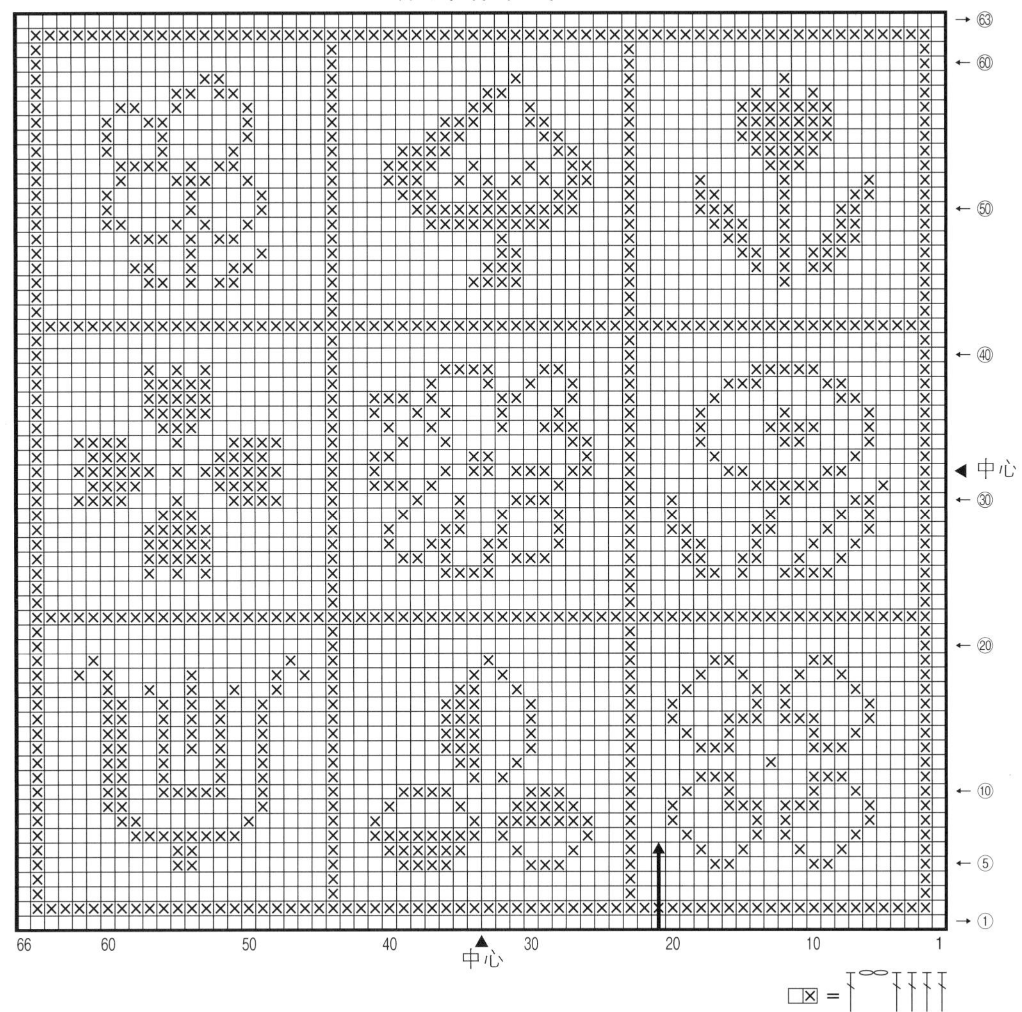

【材料和工具】

线…奥林巴斯 金票40号蕾丝线 原白色（731）35g

针…蕾丝针8号

【成品尺寸】

27.5cm×31.5cm（不含挂环）

【钩织要点】

方眼花样是用“1针长针、2针锁针”组成框架（=基础方格），用“2针长针”填充图案部分。钩织方法请参照p.146~148。

钩199针锁针（66格）起针，从锁针的里山挑针开始钩织。参照图案钩织长针和锁针。钩织长针时，前一行是长针的要从长针的正中间挑针，前一行是锁针的要在锁针上整段挑针。从正中间挑针钩织的长针纵向会变短，所以要将针目稍微拉长一点。方眼花样结束后，接着钩织边缘。长针是在针目头部的2根线里挑针，锁针和行上是整段挑针，钩织短针以及4个转角处的25针锁针。第2行在4个转角的挂环上整段挑针钩织45针长针。

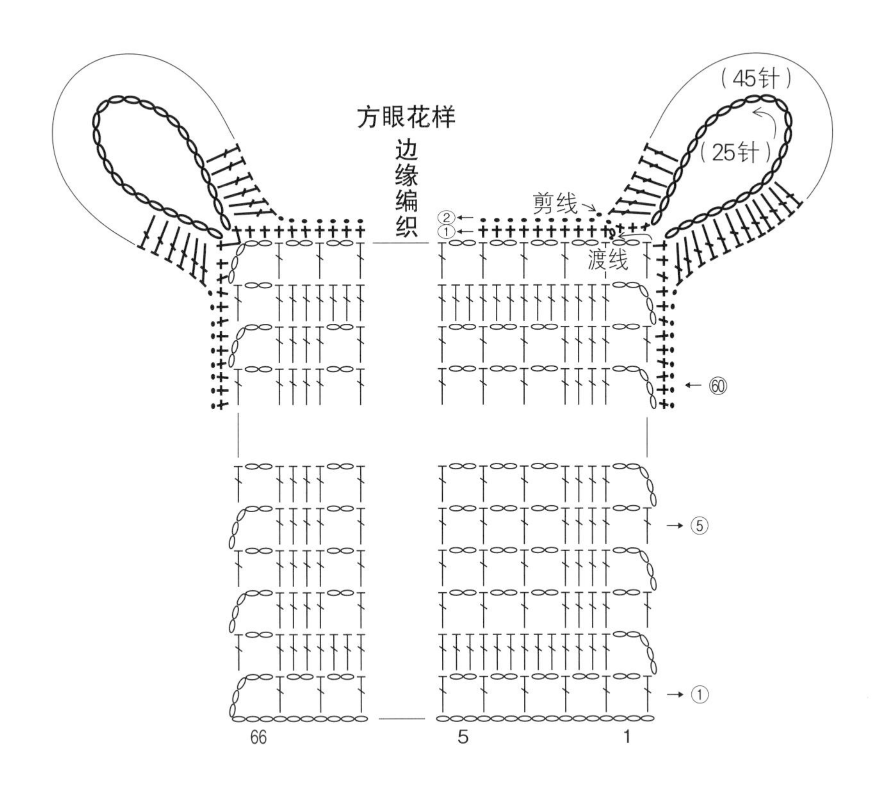

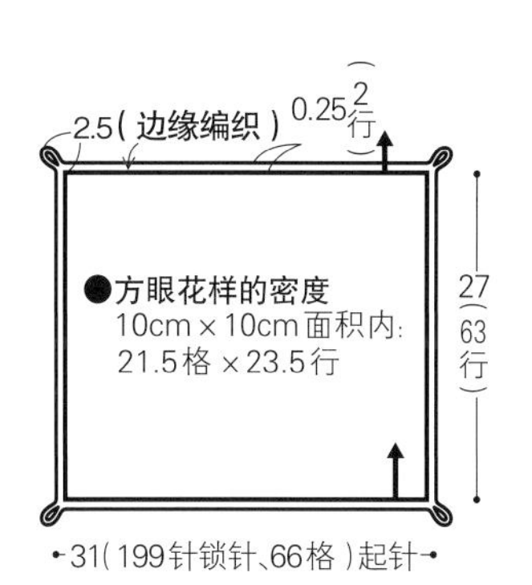

【材料和工具】

线…奥林巴斯 金票40号蕾丝线 原白色（731）20g

针…蕾丝针8号

【成品尺寸】

直径30cm

【钩织要点】

用线头做环形起针，立织3针锁针。在起针的线环里钩23针长针。第2行重复钩织“3针长长针、10针锁针”。终点先钩5针锁针，再用3卷长针与起点做连接。第3行在前一行的锁针上尽量均匀地钩织短针。第4行的3针长针是在前一行的狗牙针上整段挑针钩织。接下来按符号图钩织。第14行的起点要钩引拔针至前一行的第11针短针，也可以在第13行将线剪断，在第14行的起立针位置加入新线钩织。第25行的长针的枣形针是整段挑针钩织。

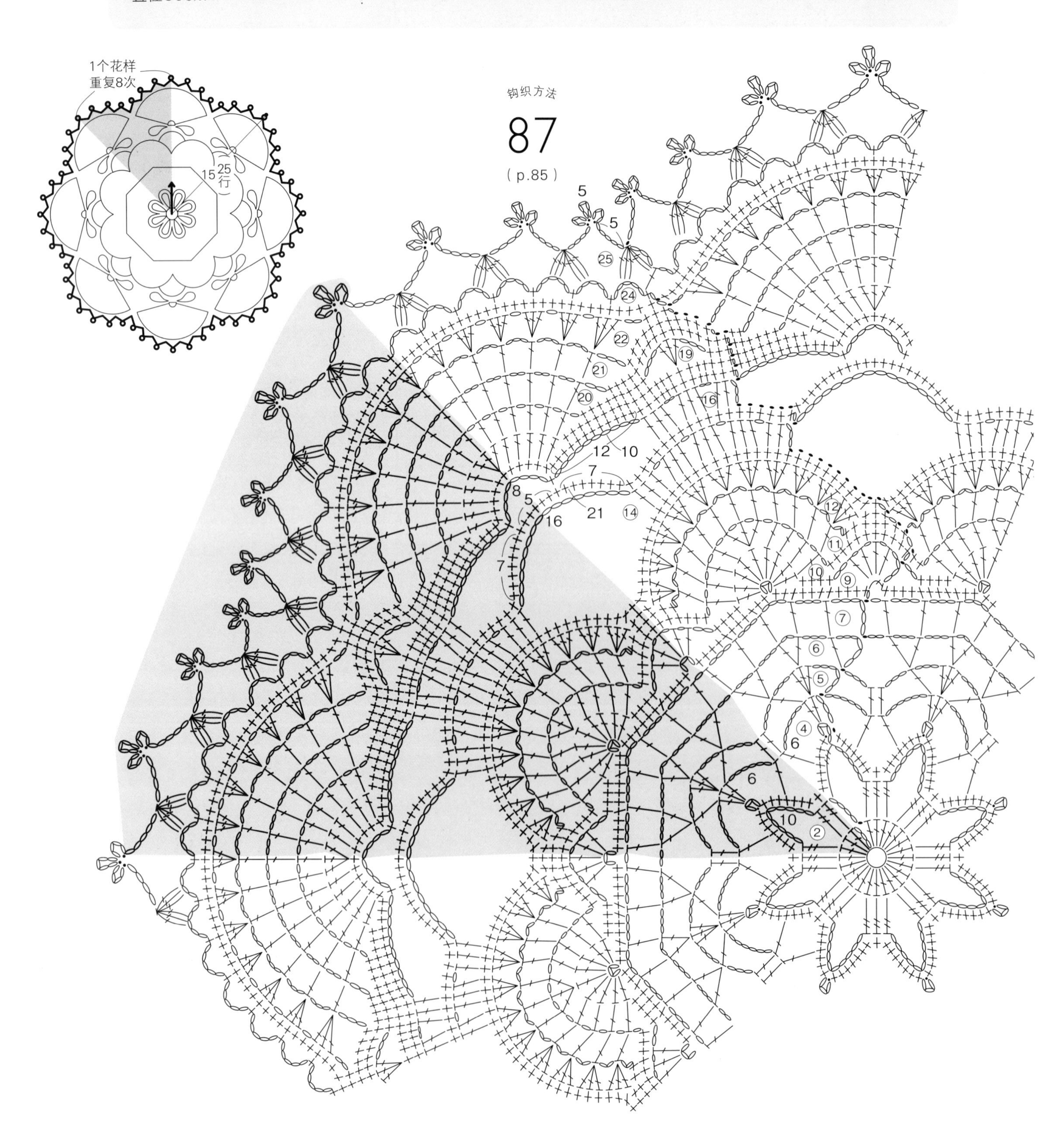

钩织方法

88

（p.85）

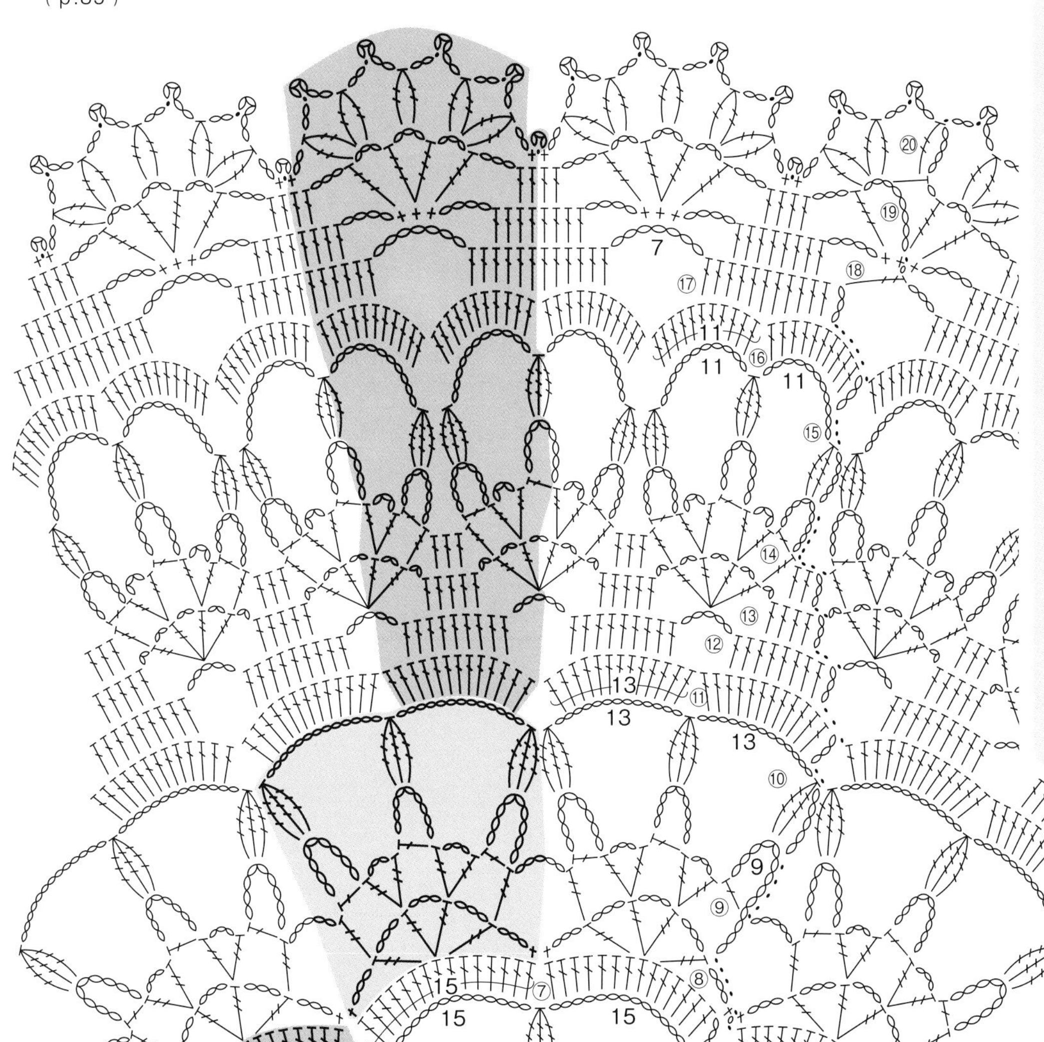

【材料和工具】

线…奥林巴斯 金票40号蕾丝线 原白色（731）30g

针…蕾丝针8号

【成品尺寸】

直径31cm

【钩织要点】

用线头做环形起针，立织1针锁针。在起针的线环里重复钩织短针和狗牙针。第2行要钩引拔针至起立针位置，经过狗牙针时将其翻至前面避开。在第3、7、11、16行的锁针上整段挑针钩织许多针目时，尽量均匀一点，不要露出里面的锁针。第5、9、14行锁针后面的长针是在长长针的头部半针以及针目的前面1根线里挑针钩织。当一行的起点与前一行的终点离得较远时，先钩引拔针至起立针的位置。由于长针比较多，钩织时注意统一针目的长度。

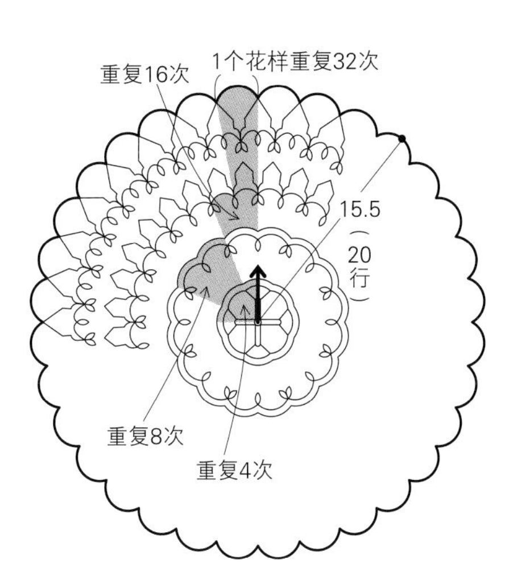

【材料和工具】

线…奥林巴斯 金票40号蕾丝线 白色（801）30g

针…蕾丝针8号

【成品尺寸】

直径31cm

【钩织要点】

用线头做环形起针，立织4针锁针，接着钩1针锁针。在起针的线环里重复钩织“1针长长针、1针锁针”。第2行在前一行的锁针上整段挑针，钩织3针长长针。第6行以及第7、8行长长针的两侧按Y字针（参照p.143）的要领钩织。第16~21行的“5针长长针的爆米花针”（参照p.142）是在前一行的锁针上整段挑针钩织。为了呈现出饱满的立体感，收拢针目时的引拔针要稍微紧一点。钩织锁针时要注意大小均匀。最后一行在15针锁针上均匀地钩织18针短针，不要露出里面的锁针。

钩织方法

91

（p.92）

【材料和工具】

线…奥林巴斯 金票40号蕾丝线 白色（801）20g

针…蕾丝针8号

【成品尺寸】

直径30cm

【钩织要点】

钩10针锁针连接成环形起针，立织4针锁针，接着钩1针锁针。在起针的线环里重复钩织“1针长长针、3针锁针的狗牙针、1针长长针、1针锁针”。第2行的3针长长针是在前一行的锁针上整段挑针钩织。网格针的起立针部分无须钩短针。第8行的起点沿着前一行的3针锁针钩引拔针，将狗牙针翻至前面避开。立织4针锁针，尽量集中在网格针的中间整段挑针钩织长长针。从第14行开始，每行的起点都要钩引拔针至前一行的网格针或贝壳针的顶部中间。从第18行开始，由于锁针比较多，钩织时要注意大小均匀。

【材料和工具】

线…奥林巴斯 金票40号蕾丝线 白色（801）20g

针…蕾丝针8号

【成品尺寸】

直径25cm

【钩织要点】

钩6针锁针连接成环形起针，立织1针锁针。在起针的线环里钩16针短针。第2行的终点以及网格针部分各行的连接处都是先钩锁针，再用长度适中的长针与起点做连接。第3行和第6行的3卷长针都是整段挑针钩织，注意尽量钩在前一行锁针的中间。第11行的短针是整段挑针钩织，尽量均匀一点，不要露出前一行的锁针。第17行的1针长针是在前一行锁针的半针和里山挑针钩织。第19行的终点钩引拔针至下一行的起立针的位置。第21行的爆米花针（参照p.142）整段挑针钩织，注意统一大小。

钩织方法

99

（p.101）

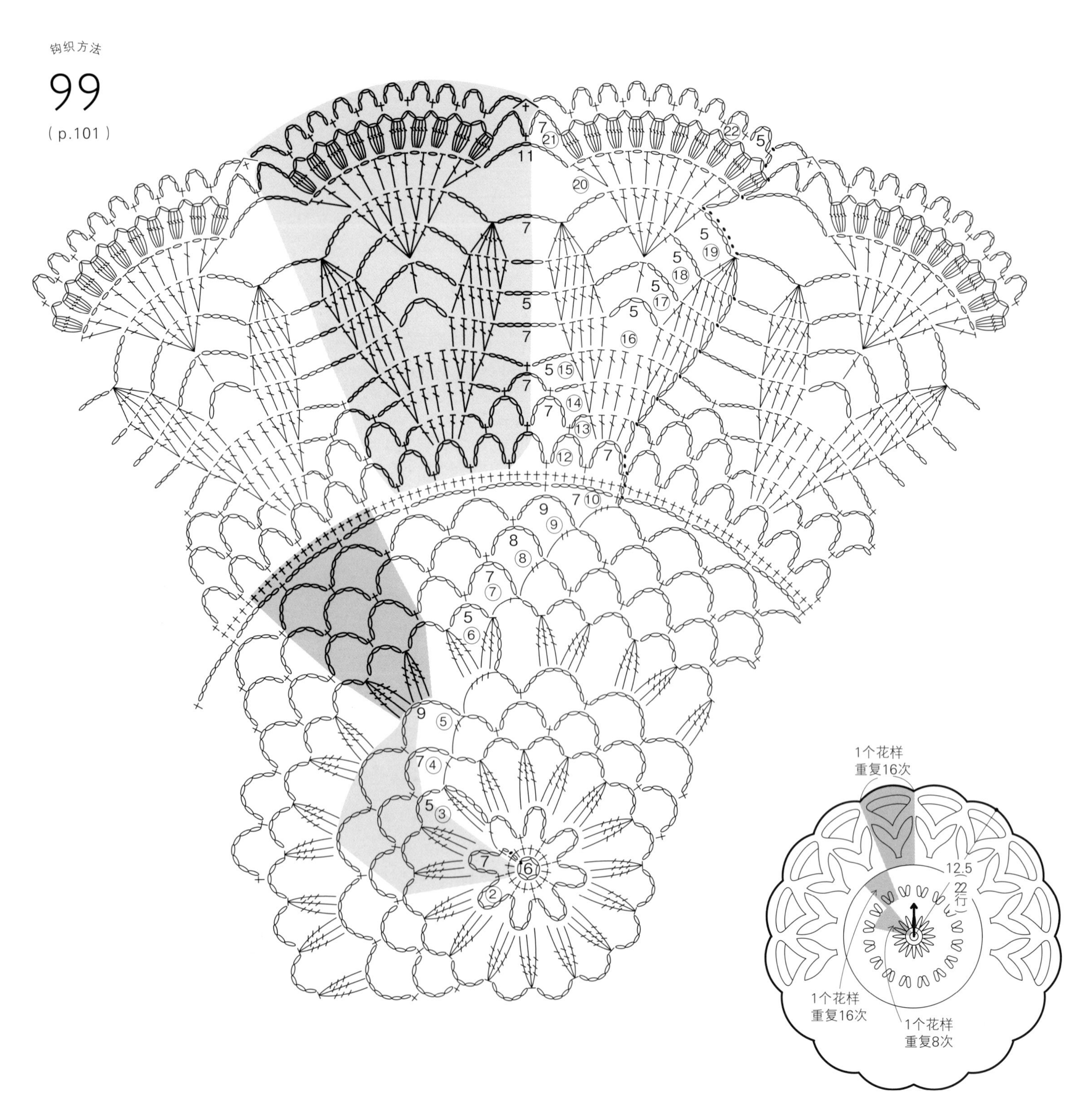

【材料和工具】

线…奥林巴斯 金票40号蕾丝线 白色（801）35g
针…蕾丝针8号

【成品尺寸】

直径37cm

【钩织要点】

用线头做环形起针，立织3针锁针。在起针的线环里钩15针长针。第3行的“3针长长针的枣形针”是在前一行的锁针上整段挑针钩织。第3行的终点先钩2针锁针，再用长针与起点做连接。第5行的枣形针、第6行网格针中的短针都是在前一行的锁针上整段挑针钩织。第5、6行的前后行连接处都是先钩锁针，再用3卷长针（或4卷长针）与起点做连接。接下来按符号图继续钩织，注意钩织3针长长针的枣形针时要将针目的头部收紧。

钩织方法

65

（p.57）

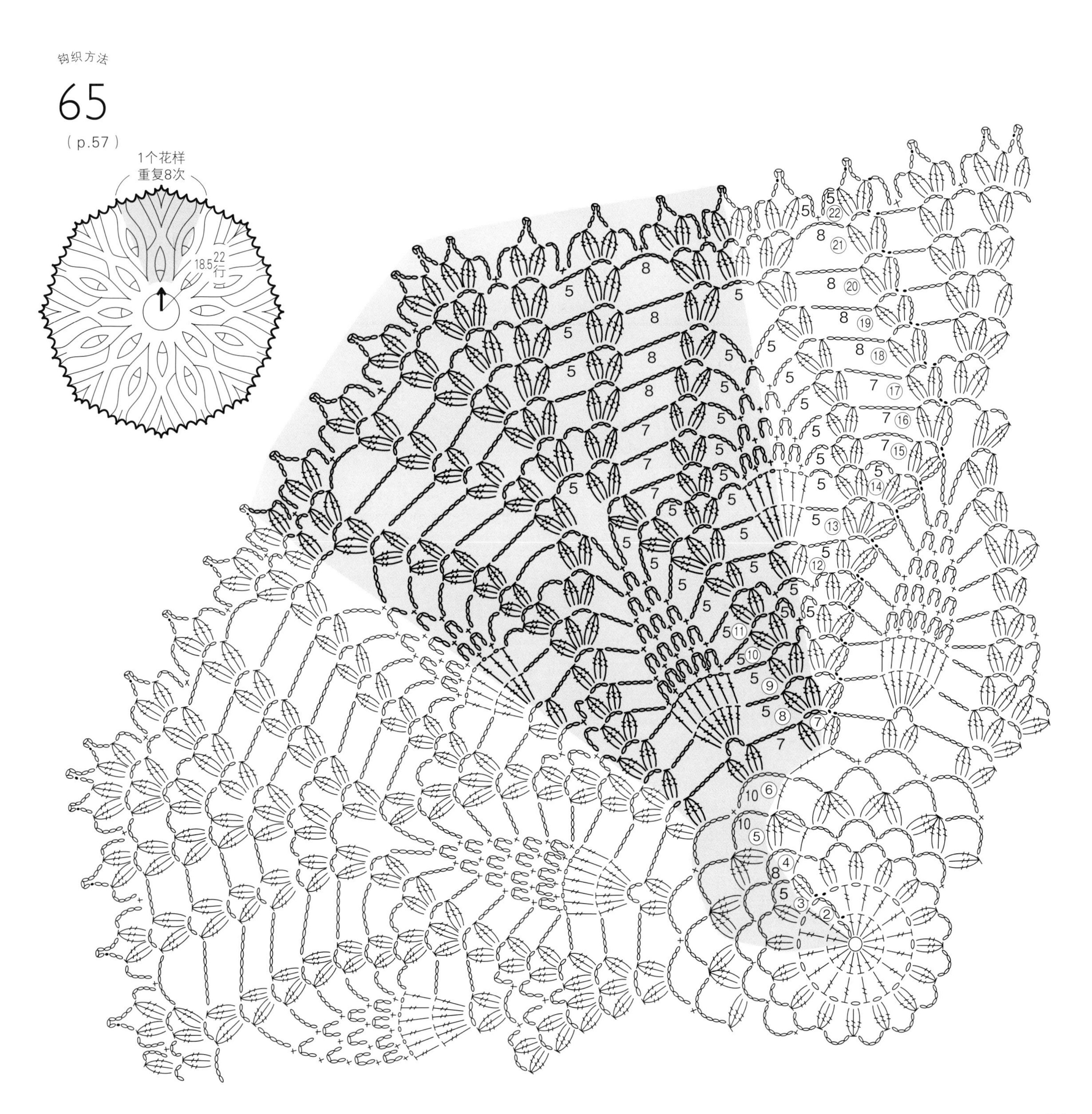

【材料和工具】

线…奥林巴斯 金票40号蕾丝线 原白色（731）20g

针…蕾丝针8号

【成品尺寸】

直径29cm

【钩织要点】

钩10针锁针连接成环形起针，立织1针锁针。在起针的线环里重复钩织“1针短针、5针锁针”。终点先钩锁针，再用长针与起点做连接。第2行的长长针的枣形针是在前一行的锁针上整段挑针钩织，注意将针目的头部收紧。网格针部分各行的连接处先钩锁针，再用3卷长针或4卷长针与起点做连接。第5行最初的短针是在前一行终点的3卷长针上整段挑针钩织。第7行的起点要钩引拔针至起立针的位置。接下来按符号图钩织。

钩织方法

59

（p.49）

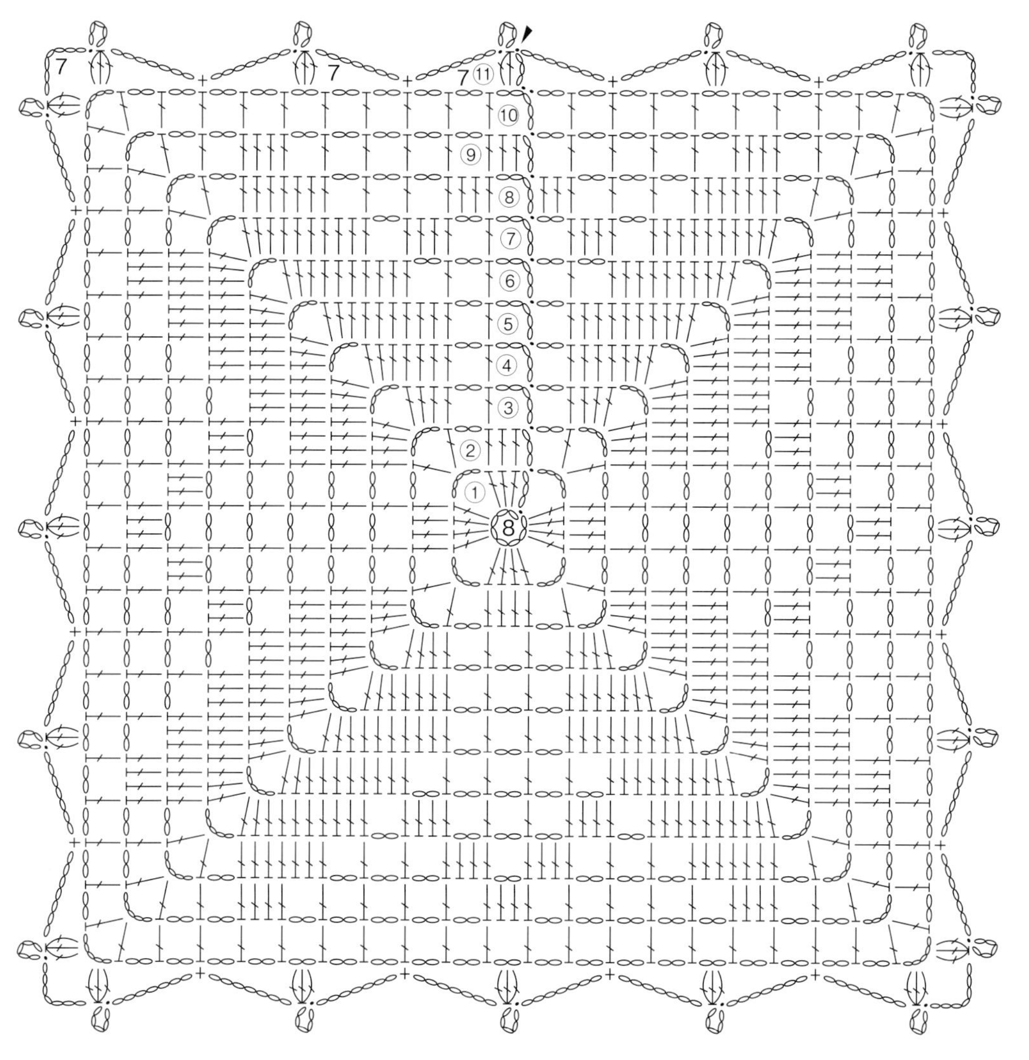

线…
【24】奥林巴斯 金票40号蕾丝线
米白色（852）
【25】奥林巴斯 金票40号蕾丝线
灰米色（813）
针…蕾丝针8号

钩织方法

24

（p.19）

钩织方法

25

（p.19）

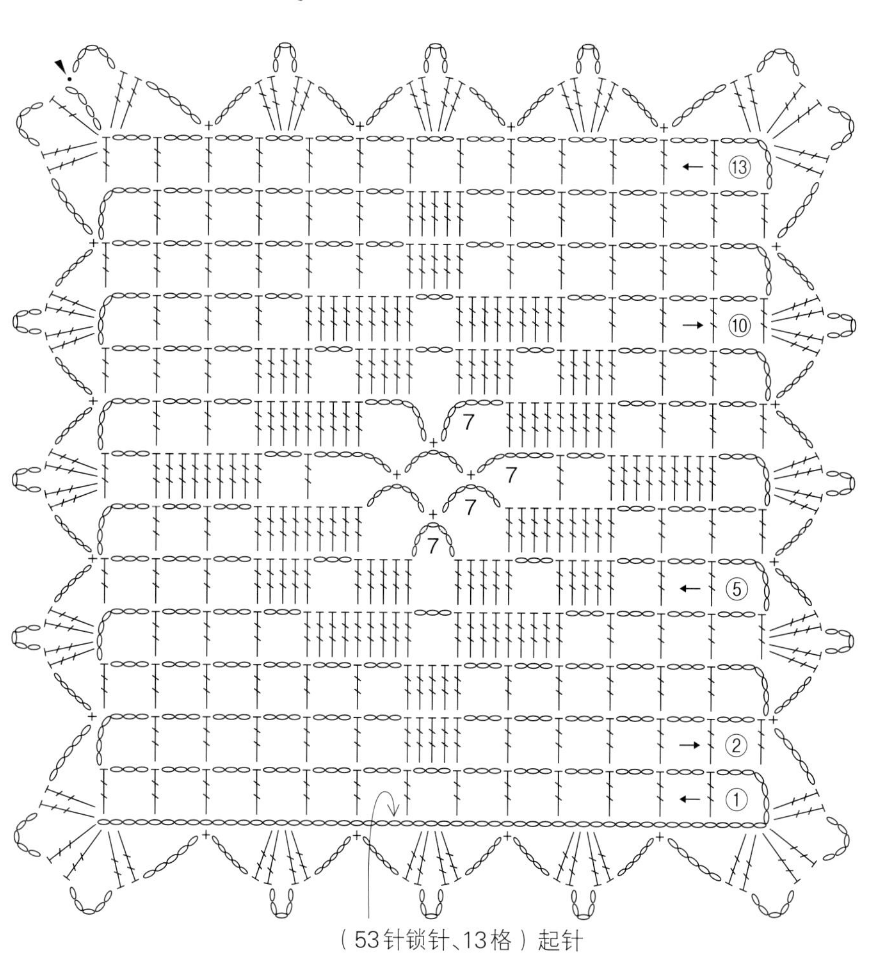

蕾丝钩编基础

材料和工具

【线】
蕾丝线的粗细用“支数”表示。所谓“支数”，是表示线的重量和长度的单位，一定重量的线越细长，支数就越大。蕾丝线大致可分为4~150号。本书作品均使用日本产的标准40号蕾丝线。

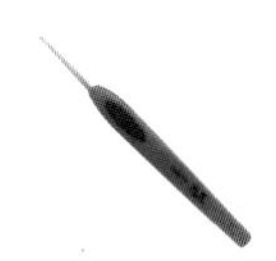

【蕾丝针】
蕾丝针的粗细用号数表示。针的粗细指的是针头往里0.7~0.8mm处的直径毫米数（参照右图）。号数越大，针就越细，请根据蕾丝线的粗细选择合适的针号。较粗的蕾丝线有时也会使用钩针编织。

【缝针】
蕾丝钩编时，结合蕾丝线可以使用细一点的十字绣针。因为针头比较圆，用于辅助线头处理等操作非常方便。

【剪刀】
建议使用方便修剪细小部位的、比较锋利的剪刀。

【立裁定位针】用于整理和定型（p.137）。

针的粗细（实物大小）

针号	粗细
14号针	0.50mm
12号针	0.60mm
10号针	0.75mm
8号针	0.90mm
6号针	1.00mm
4号针	1.25mm
2号针	1.50mm
0号针	1.75mm
钩针 2/0号针	2.00mm

线的粗细与成品尺寸

所用蕾丝线的粗细会影响成品的大小。右图中是分别用40号蕾丝线（8号蕾丝针）和Emmy Grande线（0号蕾丝针）钩织的花片34。如果40号蕾丝线钩织的花片改用Emmy Grande线钩织，成品将放大1.4~1.5倍。通过换线，即使相同的编织图也可以钩织出不同大小的作品。

线的粗细（实物大小）

40号蕾丝线
棉100%，50g/团
（上：奥林巴斯 金票40号蕾丝线／约445m 下：DARUMA 40号蕾丝线／约412m）

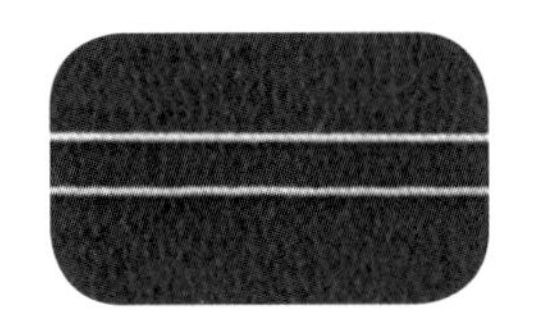

奥林巴斯 Emmy Grande
棉100%，50g/团（约218m）

握针方法和挂线方法

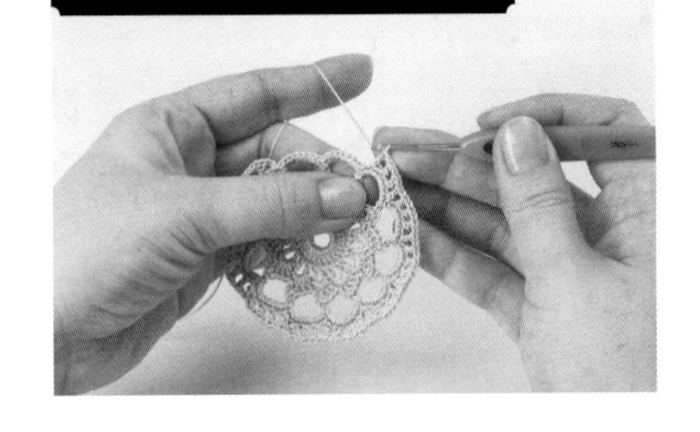

挂线方法（左手）

在小指上绕1圈线，将线从小指和无名指中间拉出至手掌。

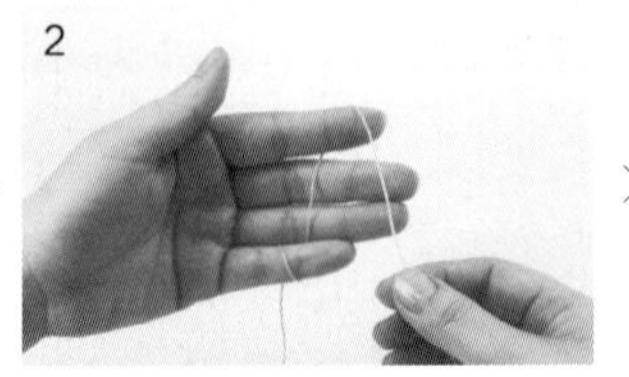

线经过无名指和中指，再将线从中指和食指中间拉至手背后将线挂到食指上，向下拉至前面。

拉动线头，用拇指和中指捏住距离线头10cm左右的位置，竖起食指将线绷紧。

POINT

如果没有线盒，可以将蕾丝线放进塑料袋中，用橡皮筋等将袋口稍稍收紧，然后拉出线头使用，可以防止弄脏线团。
开始钩织作品前先将手洗干净，钩织完成的部分也用塑料袋包起来。钩织的同时，注意不要弄脏作品。

握针方法（右手）

用右手的拇指和食指轻轻地握住针，再用中指抵住。中指可以起到辅助作用，比如活动中指，按住针头和针目，使作品钩织得更加平整。

让作品更精美的整理和定型方法

对于精心钩织完成的蕾丝作品，整理和定型是非常重要的最后一道工序。
先用洗涤剂去除污渍，然后将针目熨烫平整，上浆定型后就大功告成了。

将白色蕾丝清洗干净　彻底洗掉指尖的汗渍和灰尘等污渍。

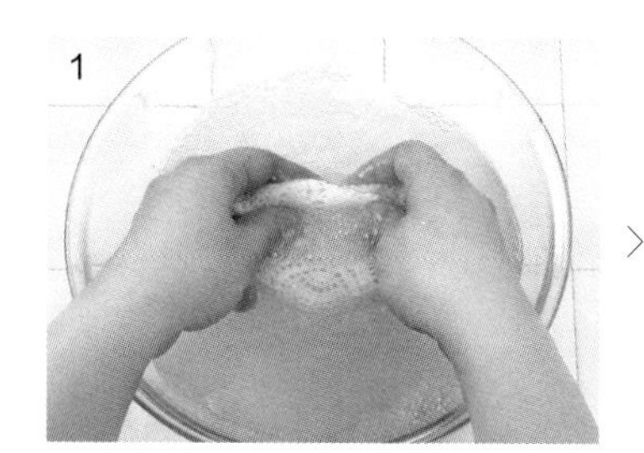

将衣物洗涤剂倒入水中充分溶解，然后将作品浸泡在里面抓洗。再换上几次水清洗干净。

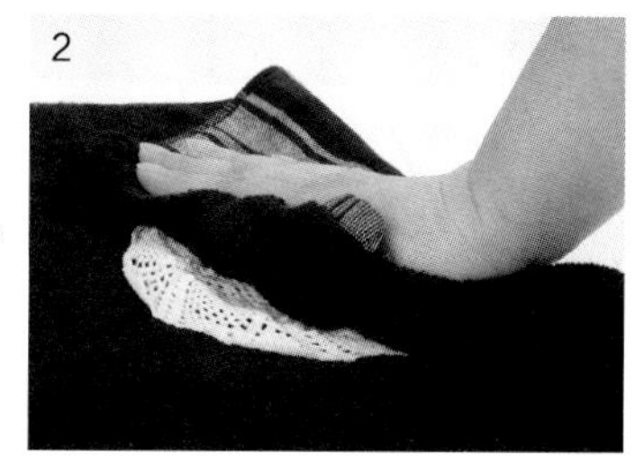

将作品夹在厚一点的干毛巾中间，一边按压一边吸掉水分，直到变成半干状态。

整理针目　将针目整理回原来的位置，这一步非常重要。

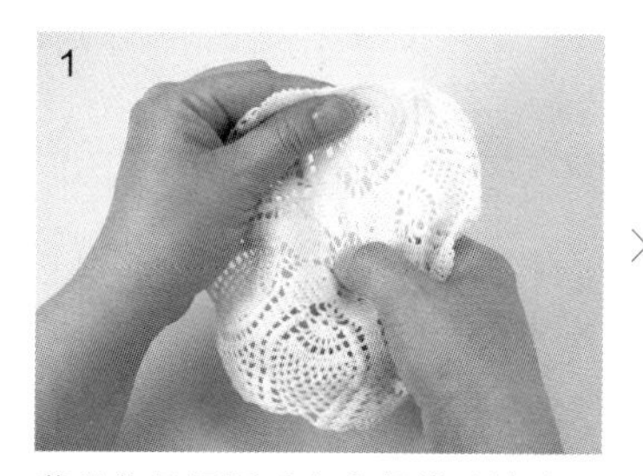

蕾丝作品浸湿后会有轻微的缩水现象，用指尖拉伸一下。

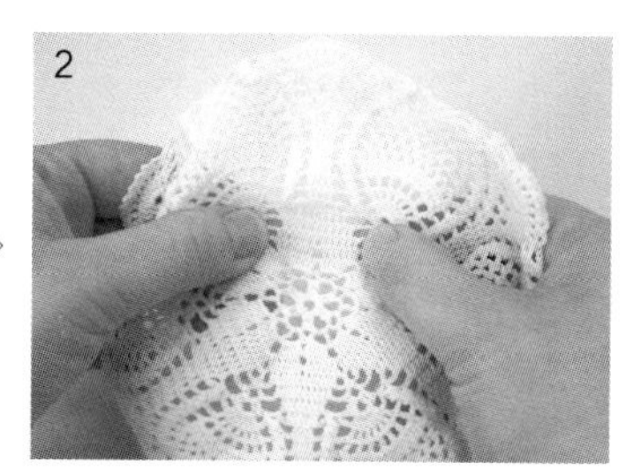

沿着针目方向，仔细地将纵向和横向的针目整理回原来的状态。注意，不要过度拉伸针目。

定位针的固定方法　插入定位针，整理作品的形状。统一针目与针目之间的间隙是蕾丝镂空花样至关重要的一点。

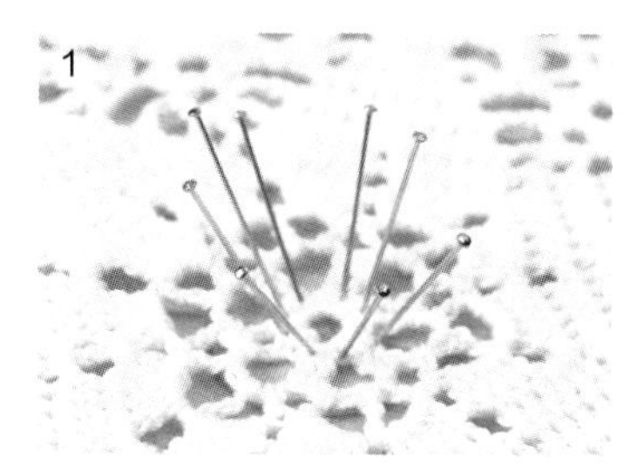

将定型用衬纸（p.149~151）铺在熨烫台上，用定位针或胶带固定四个角处以免移位。然后将作品反面朝上放在衬纸上，确定中心位置，在其周围插上定位针。

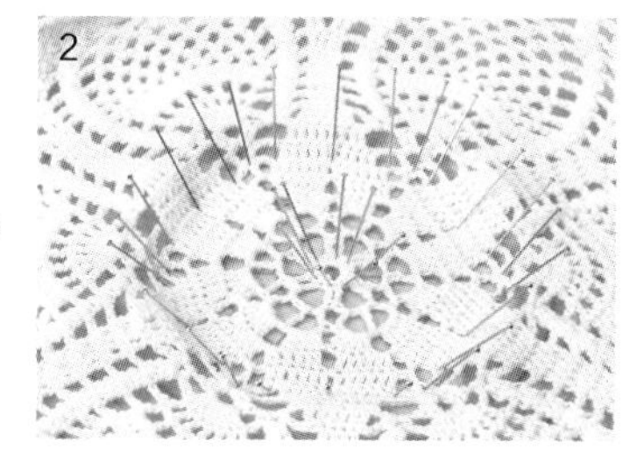

沿着衬纸的等分直线和圆形弧线，确定每个花样的关键位置，一边展开针目，一边稍微拉紧并插入定位针。

向外倾斜着插入定位针，注意花样要保持在同一条线上。

来到花样分开的行时，为了使每个花样呈现出相同的饱满状态，需要在两侧都插入定位针。

熨烫方法

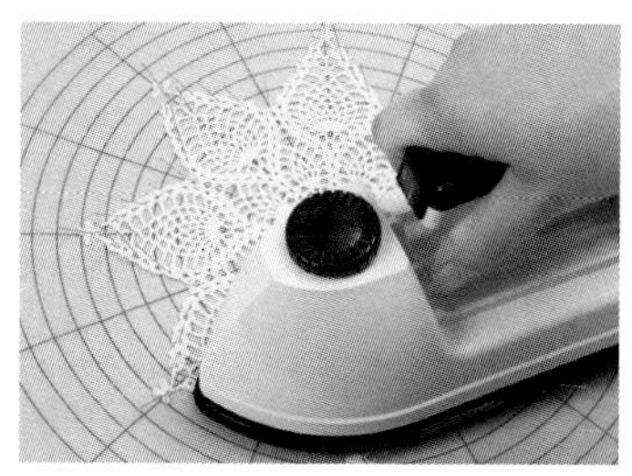

拔掉中心的定位针，开始熨烫。轻轻地按压，由内向外小心熨烫。在作品没有完全晾干前，不要拔掉定位针。

上浆

将定型喷雾剂分几次均匀地喷在整件作品上，然后放在通风处晾干。等到完全晾干后，取下定位针。

※过去是先用衣物上浆剂浸泡作品，等充分吸收后取出，再插上定位针。

保存方法

将作品收起来时，可以在下面垫一张薄纸，再用保鲜膜的筒芯等物卷起来保存。这样作品的针目不会变形，可以保持精美的状态。

针法符号图的看法

针法符号图（=编织图）是将织物的针目直接换成符号表示的图。
符号图表示的全部是从正面看到的织物状态。
本书作品使用了2种钩织方法：从中心向外环形钩织的方法、锁针起针后进行往返钩织的方法。

从中心向外环形钩织

在中心环形起针（用线头制作线环，或者钩锁针连接成环形），接着像画圈一样一行一行地向外钩织。由于每行都是看着正面钩织，所以按编织图逆时针方向钩织即可。

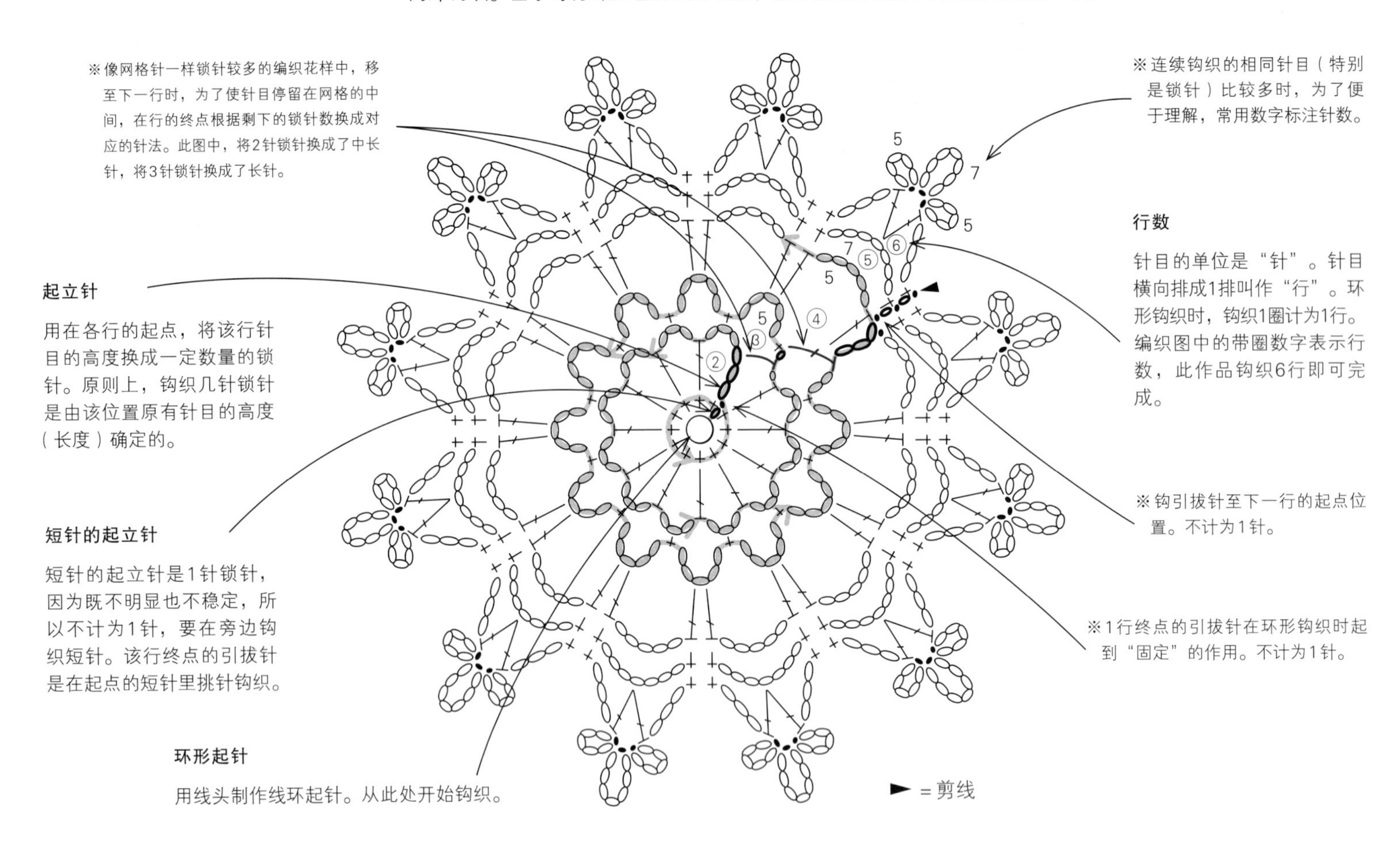

立织的锁针

所谓“起立针”，是指在各行的起点代替原有针目高度而钩织的锁针。针目不同，立织的锁针针数也不相同。除了短针以外，其他针目的起立针都要计为1针（短针的起立针是1针锁针，既不明显也不稳定，所以不计入针数）。

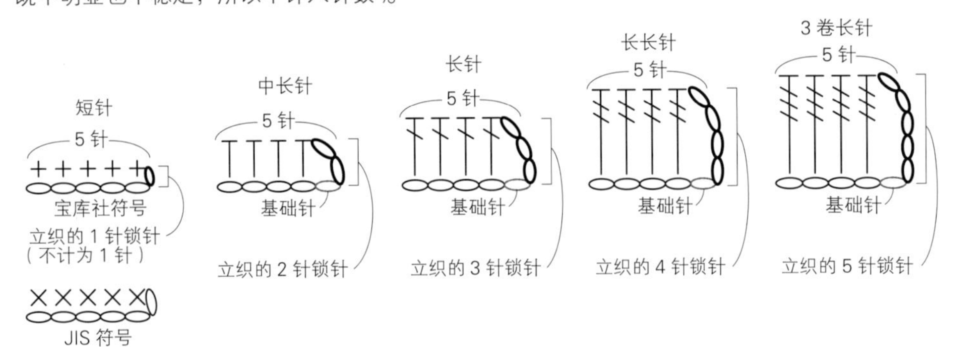

针目的高度

蕾丝钩编的针目高低不同，1行的高度因针目而异。以1针锁针的高度为基准，假定为1，那么短针的高度与之相同，中长针的高度是其2倍，长针的高度是其3倍，以此类推，逐渐递增。钩织时也要注意这一点，相同针目的高度统一才能钩织出精美的作品。

5
4
3
2
1
0

引拔针　锁针　短针　中长针　长针　长长针　3卷长针

锁针起针后进行往返钩织（片织）

这种方法主要用于钩织正方形或长方形的织物，在其中一条边起针后开始钩织。特点是左右两侧的起立针。当起立针位于符号图的右侧时，看着织物的正面从符号图的右边往左边钩织。当起立针位于左侧时，看着织物的反面从符号图的左边往右边钩织。

►=剪线

方眼花样

方眼花样又叫方格花样，基本钩织方法是用长针（竖框线）和锁针组成方格框架，用长针填充图案部分来表现花样。

起立针

用在各行的起点，将该行针目的高度换成一定数量的锁针。原则上，钩织几针锁针是由该位置原有针目的高度（长度）确定的。需要注意的是，当起立针位于左侧时，看着织物的反面从符号图的左边往右边钩织。

编织起点

19　15　10　5　1

（58针锁针、19格）起针

起针

钩织锁针起针。此符号图中，1格由3针构成，所以起针数为“3针×19格+1针”即58针。

行数和箭头

从右往左，或者从左往右，朝一个方向钩织完成1行。此符号图中，钩织19行，作品就完成了。箭头表示看符号图的方向。

编织花样的图案

方眼花样有时用图案代替针法符号，钩织时需要确认表示图案的符号与针法符号的对应关系。

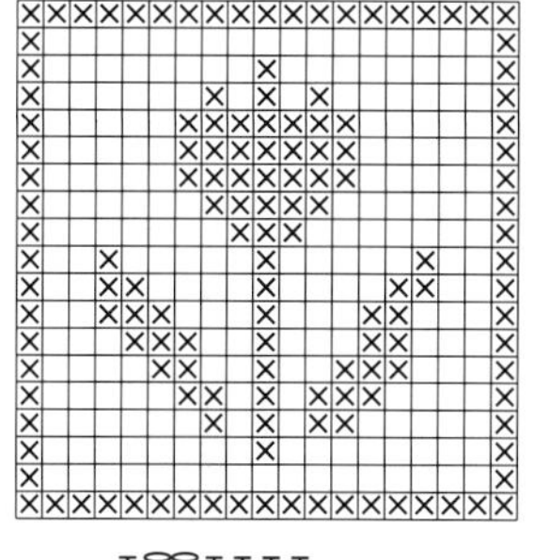

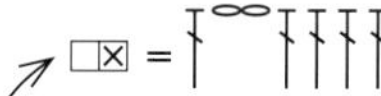

符号和钩织方法

□这个方格要钩织“1针长针、2针锁针、1针长针”；

☒这个方格表示要钩织4针长针进行填充。相邻2个方格共用连接处的1针长针。

片织（往返钩织）的钩织方法

每钩织1行就左右翻转织物，交替正、反面进行钩织是“片织”的特点。此处以下面的符号图为例，讲解片织的钩织方法。

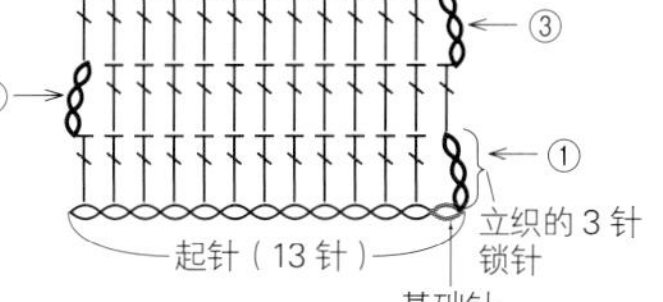

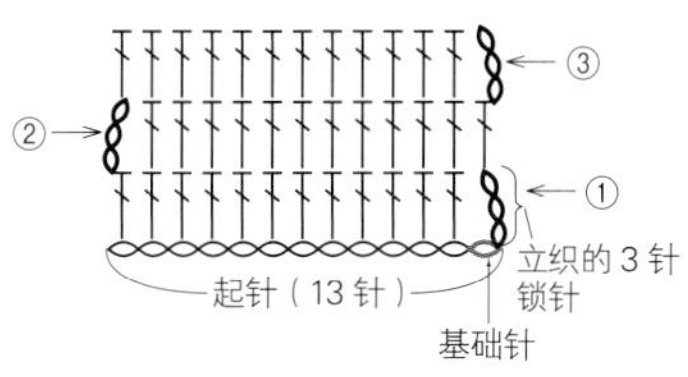

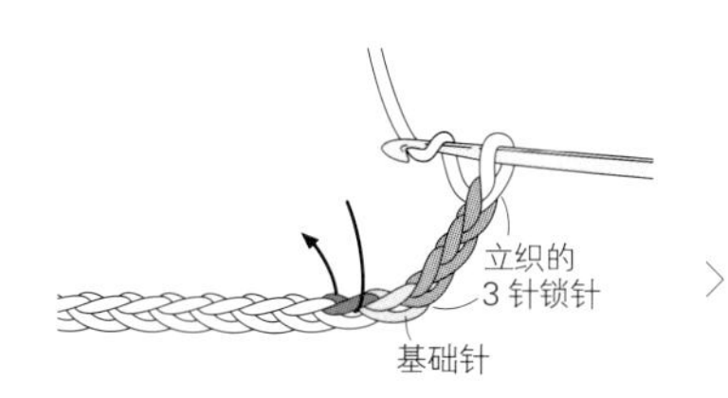

1 钩织所需针数的锁针（起针+3针起立针），针头挂线，将针插入起针的倒数第2针里，钩织长针（此处在锁针的半针和里山挑针）。

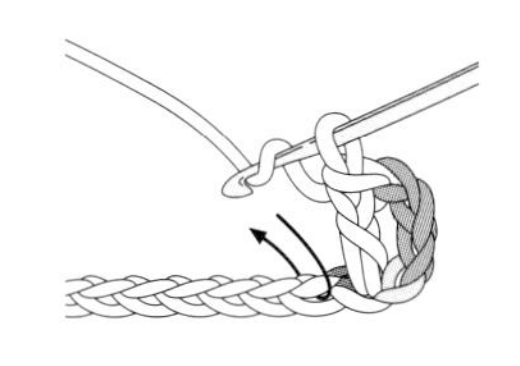

2 这是钩完1针长针后的状态。按相同要领钩织至左端。

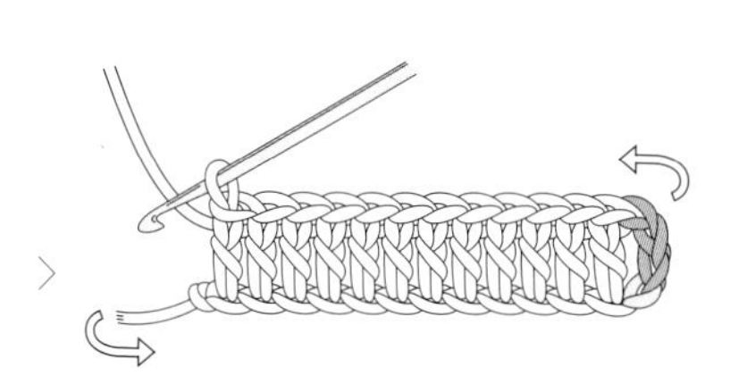

3 第1行结束移至下一行时，针保持不动，将织物的右端往后推，逆时针翻转织物。

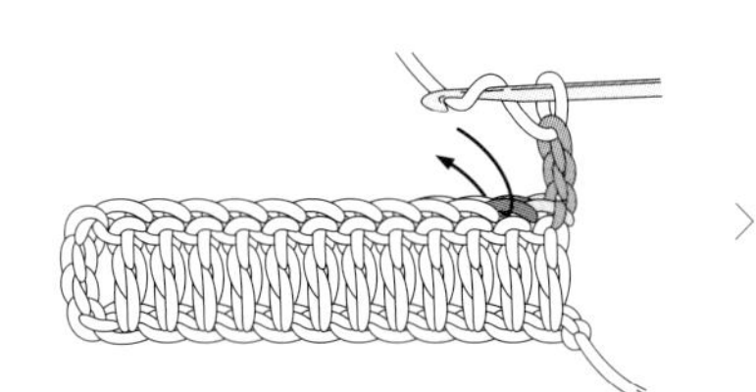

4 第2行的起点也同样立织3针锁针，在前一行的第2针长针头部的2根线里挑针，钩织长针。

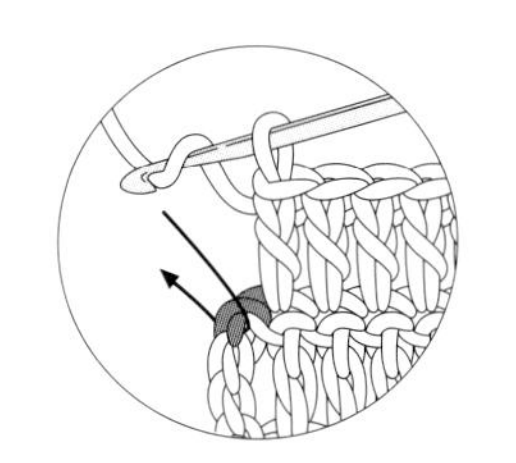

5 第2行的终点在前一行立织的第3针锁针的里山和外侧半针的2根线里挑针（第1行立织的锁针是反面朝前）。

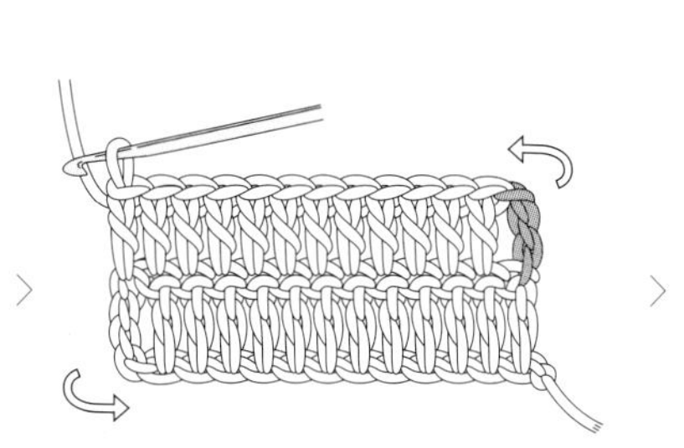

6 按步骤**3**相同要领，将织物的右端向后推，翻转织物。

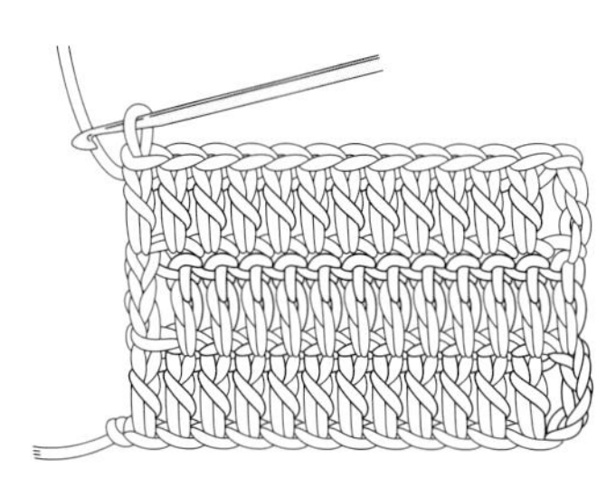

7 第3行也按相同要领钩织。终点在前一行立织的第3针锁针的外侧半针和里山的2根线里挑针（从第2行开始，立织的锁针都是正面朝前）。

起针

锁针起针的钩织起点

※方眼花样的第1行需要全部挑针时，起针的针目会被拉紧，最好使用粗2号的针起针。
（因为制作方法中没有指定，请根据实际需要替换针号。）

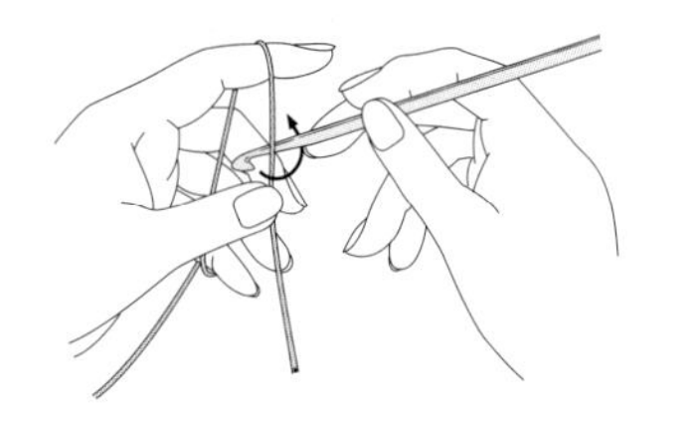
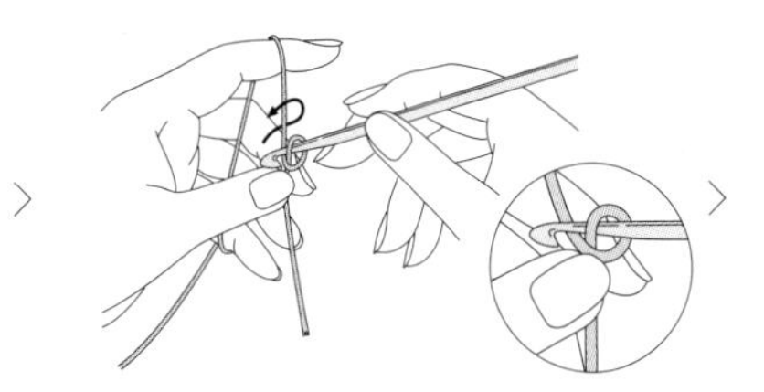
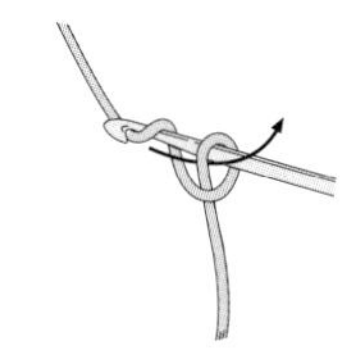
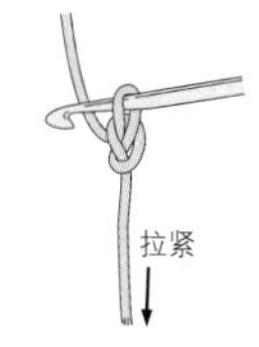

1 将钩针放在线的后面，如箭头所示逆时针转动针头绕线。

2 用拇指和中指捏住刚才所绕线圈的交叉处，就像用针背向外推线一样，在针头挂线。

3 线从后往前挂在了针上。将针头的挂线从线圈中拉出。

4 拉动线头，收紧线圈。这就是起始针，此针不计入针数。

锁针

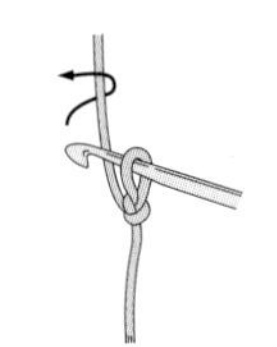
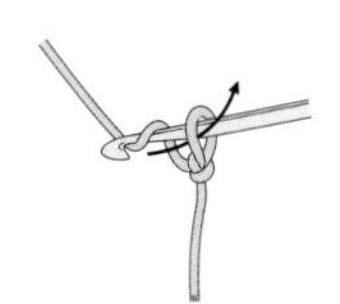
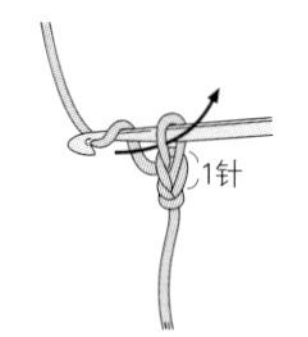

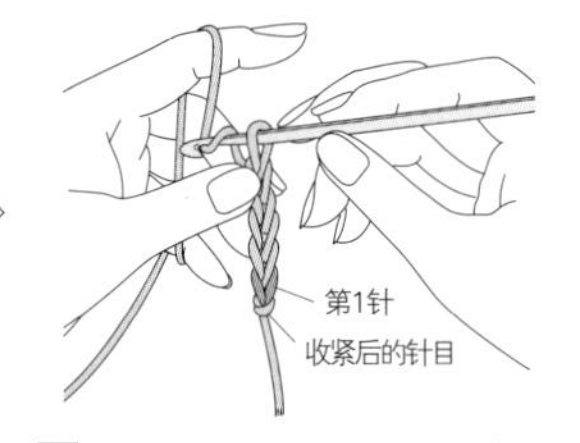

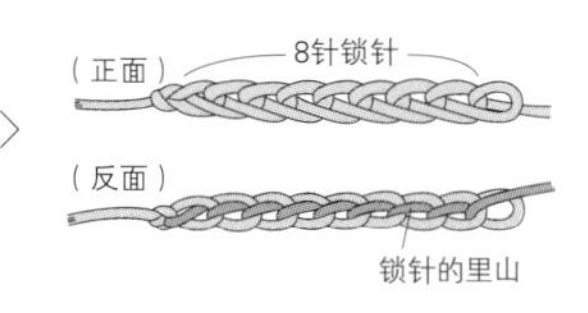

1 如箭头所示转动针头挂线。

2 将针头的挂线从线圈中拉出。重复“从线圈中拉出线”就完成了锁针。

3 针上线圈的下方完成了1针锁针。接下来，按相同要领挂线拉出继续钩织。

4 这是钩完5针后的状态。连续钩织锁针时，每5~6针调整指捏的位置，这样钩出的锁针才会更加均匀整齐。

5 这是钩完8针从针上取下后的状态。锁针的正面和反面如图所示。

环形起针（用线头制作线环）

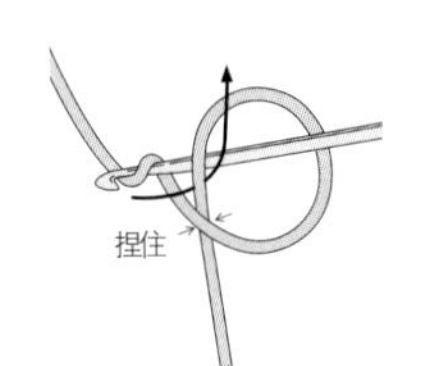

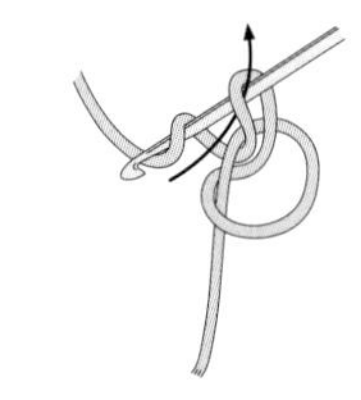
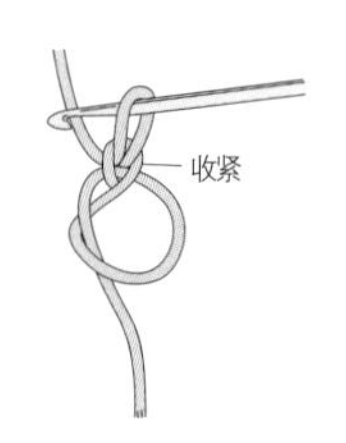

1 制作线环，捏住线环的交叉处，针头挂线后拉出（锁针起始针的钩织要领）。

2 再次挂线后拉出。这就是最初的针目（不计入针数）。

3 拉动线头收紧最初的针目。不要收紧线环。

在线环里钩短针

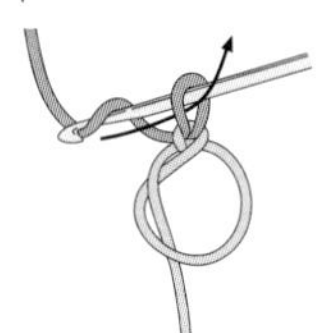

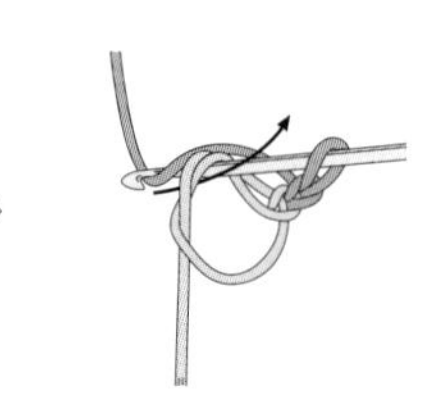

1 从环形起针中的步骤**3**开始，针头再次挂线后拉出，立织1针锁针。

2 立织的1针锁针完成。

3 在线环中插入钩针，针头挂线，将线拉出。

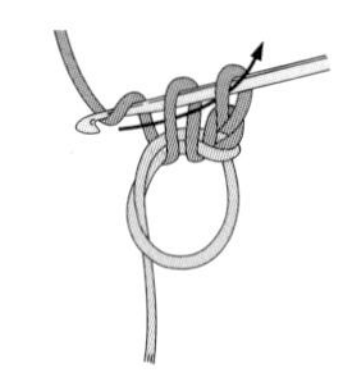
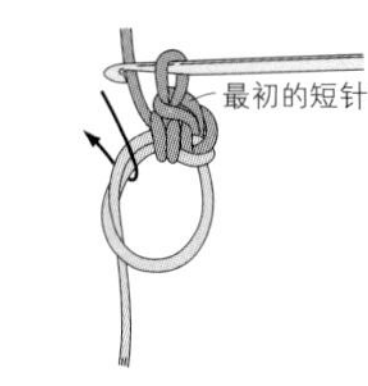

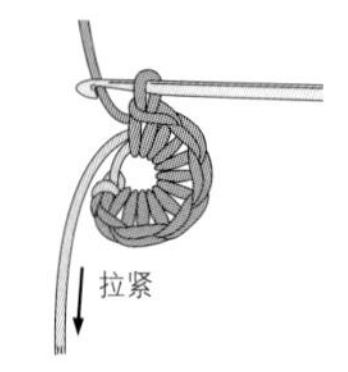

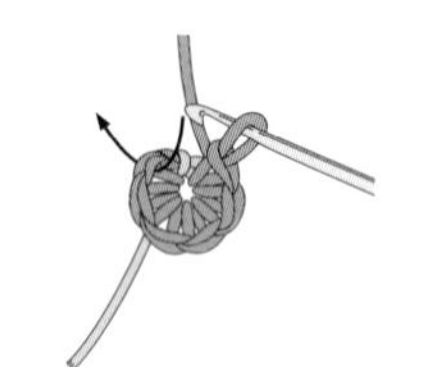
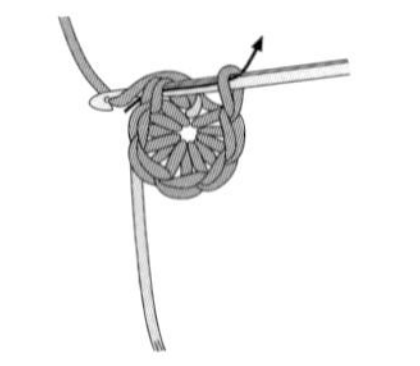
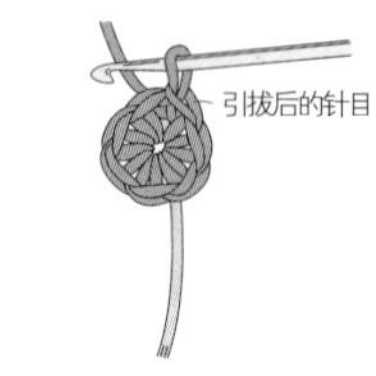

4 针头再次挂线，一次性引拔穿过针上的2个线圈（钩织短针）。

5 第1针短针就完成了。接下来也按相同要领，在线环中插入钩针钩织短针。

6 第1行的6针短针完成后，拉动线头收紧线环，缩小中心。

7 第1行的终点在第1针短针里引拔。从前面插入钩针挑取短针头部的2根线。

8 挂线引拔。此时，将线头也挂在针上一起引拔。

9 此针为引拔针，第1行就完成了。

环形起针（用锁针制作线环）

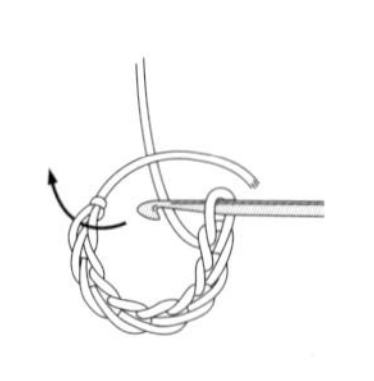
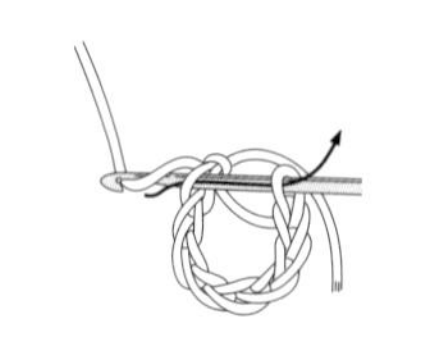

1 钩织所需针数的锁针（此处为8针）。

2 将钩织起点按顺时针方向转，使锁针的起针形成环形，在第1针锁针的外侧半针1根线里插入钩针挑针。

3 将线头留在右侧，针头挂线后引拔拉出。用锁针制作线环的起针就完成了。

4 将线头放到左面。接下来，按编织图钩织第1行，同时将线环和线头包在针目里面。

POINT 锁针的挑针方法

从锁针的起针上挑针的方法有3种。除特别指定外，可以选择自己喜欢的方法挑针。

从锁针的里山挑针

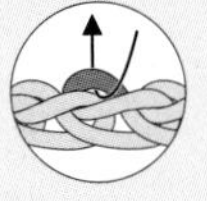

可以留下锁针的正面，完成的针目更加漂亮。适用于事后不再钩织边缘等情况。

从锁针的半针和里山挑针

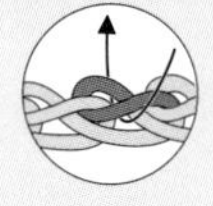
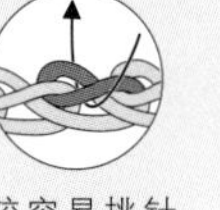

比较容易挑针，针目更加结实整齐。适用于在起针上跳过几针挑针等情况。

从锁针的半针挑针

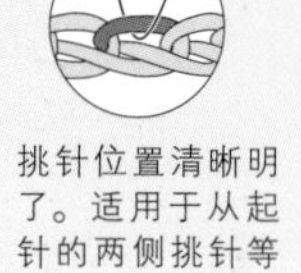

挑针位置清晰明了。适用于从起针的两侧挑针等情况。

针法符号和钩织方法

引拔针

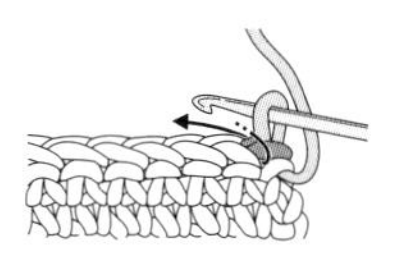

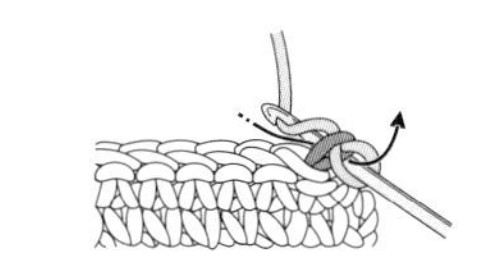

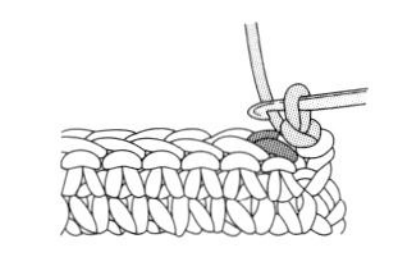

1 将编织线放在后面，如箭头所示在前一行针目头部的2根线里插入钩针。

2 针头挂线，如箭头所示将线拉出。

3 引拔针就完成了。

未完成的针目

在完成针目最后的引拔操作前，针上留有线圈的状态叫作“未完成的针目”。常用于减针以及钩织枣形针等针目时。

未完成的短针

未完成的中长针

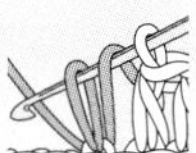

未完成的长针

短针

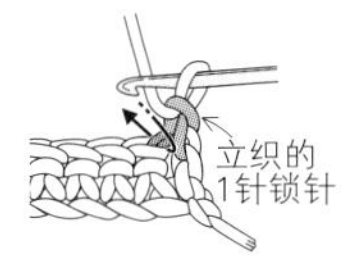

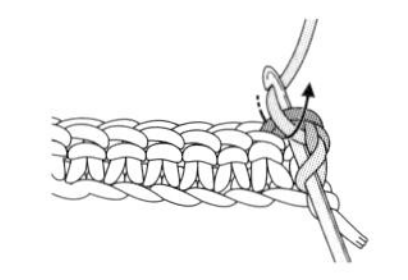

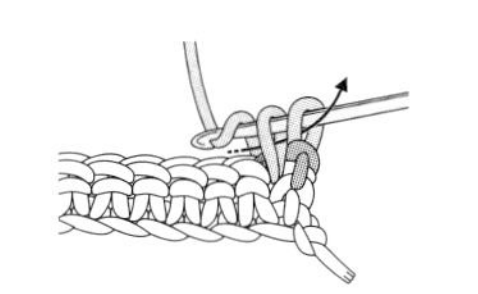

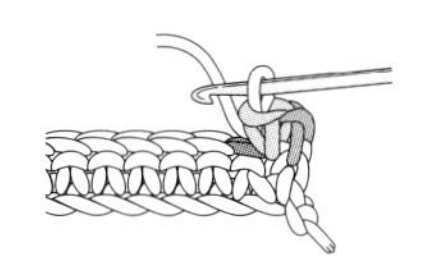

1 在前一行针目的头部2根线里插入钩针（行的起点要从立织的1针锁针的相同针目里挑针）。

2 针头挂线，如箭头所示拉出。

3 针头再次挂线，一次性引拔穿过针上的2个线圈。

4 短针就完成了。

针目的头部和根部

中长针

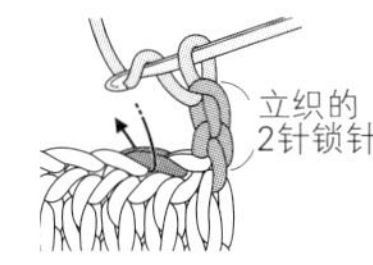

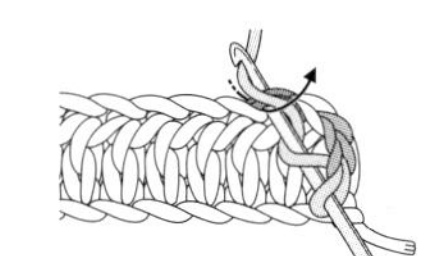

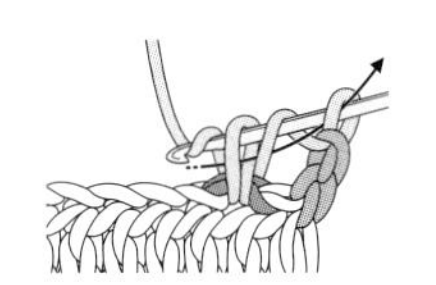

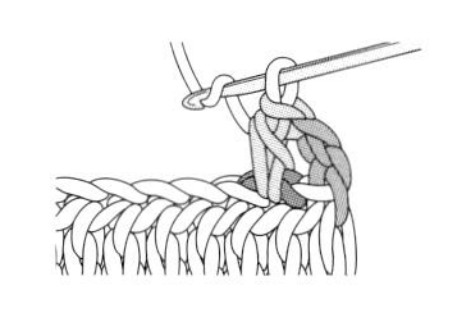

1 针头挂线，在前一行针目头部的2根线里插入钩针。

2 针头挂线后拉出。

3 针头再次挂线，一次性引拔穿过3个线圈。

4 中长针就完成了。

针目的头部和根部

长针

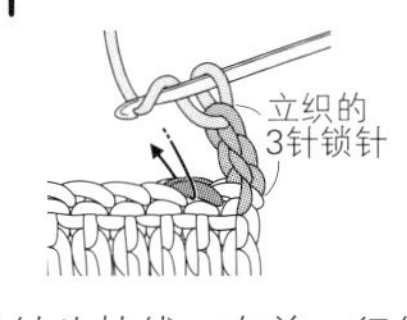

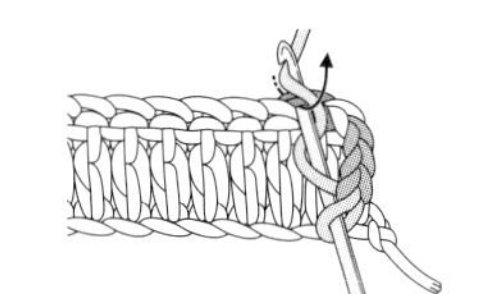

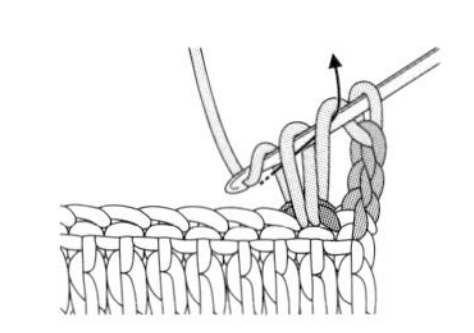

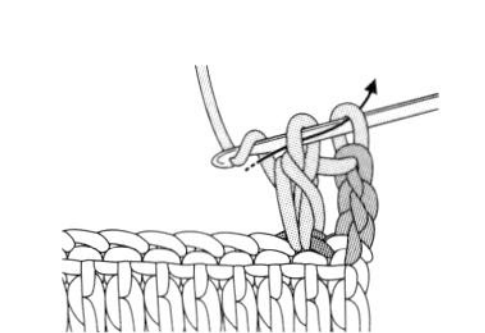

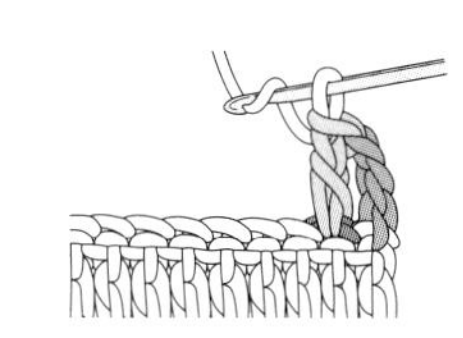

1 针头挂线，在前一行针目头部的2根线里插入钩针。

2 针头挂线后拉出。

3 再次挂线，从针头的2个线圈里拉出。

4 再次挂线，一次性引拔穿过剩下的2个线圈。

5 长针就完成了。

长长针

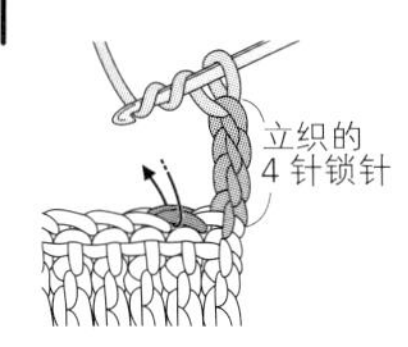

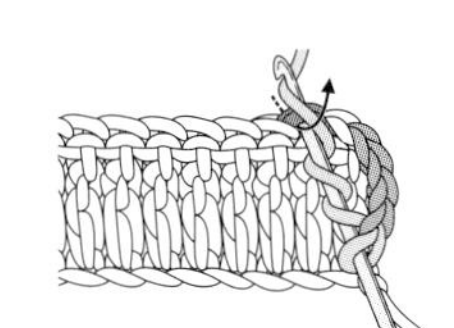

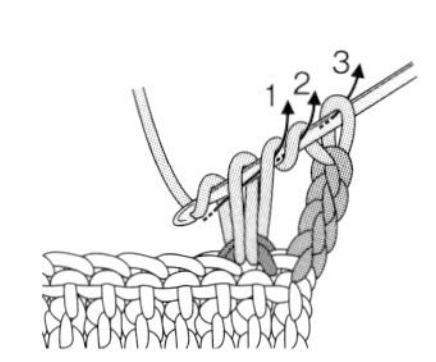

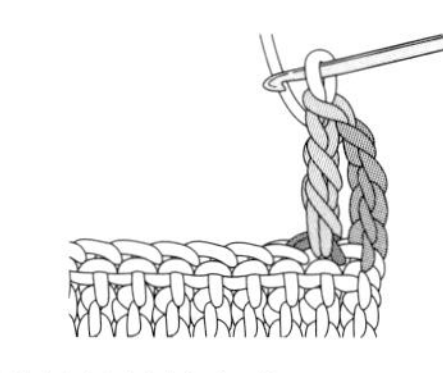

1 在针上绕2圈线，在前一行针目头部的2根线里插入钩针。

2 针头挂线后拉出。

3 针头挂线，依次引拔穿过2个线圈，一共引拔3次。第1次引拔穿过针头的2个线圈，第2次引拔穿过前面拉出的针目和后面的1个线圈，第3次引拔穿过再次拉出的针目和剩下的1个线圈。

4 长长针就完成了。

3卷长针

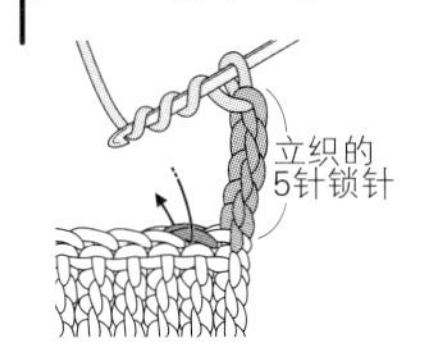

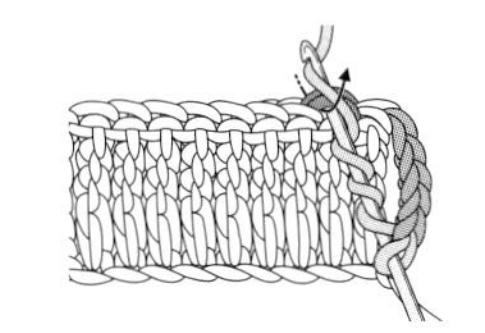

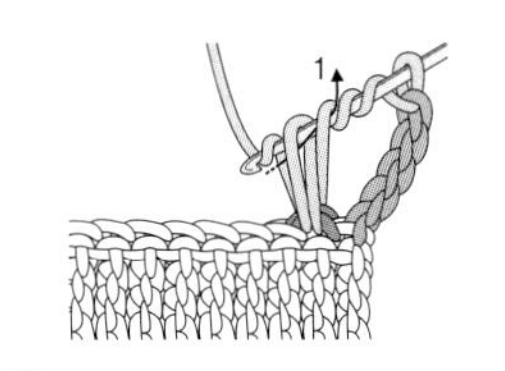

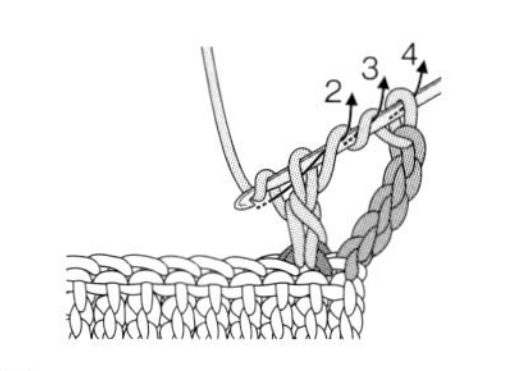

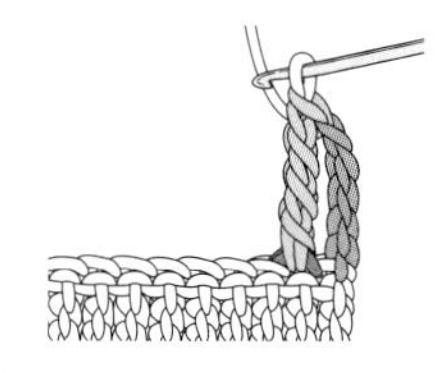

1 在针上绕3圈线，在前一行针目头部的2根线里插入钩针。

2 针头挂线后拉出。

3 针头挂线，从针头的2个线圈里拉出。

4 再重复3次“挂线、引拔穿过针头的2个线圈”。

5 3卷长针就完成了。

4卷长针

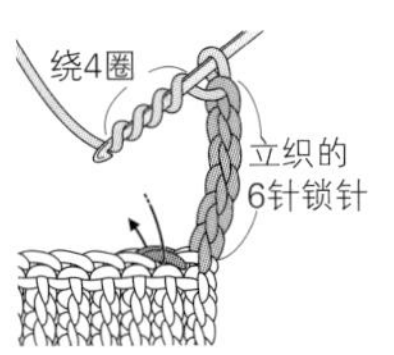

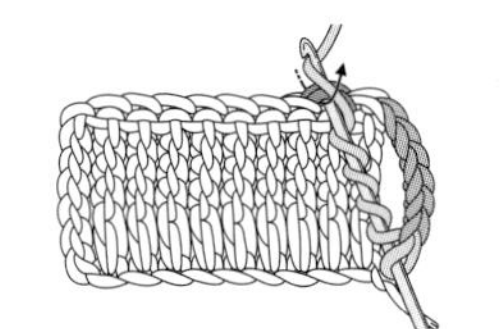

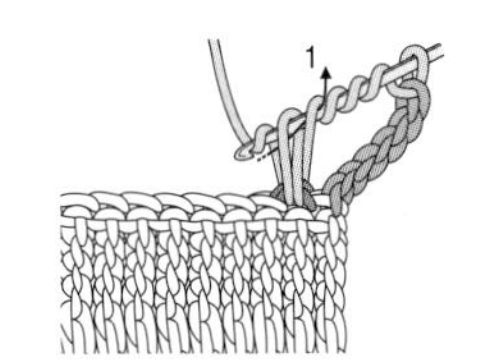

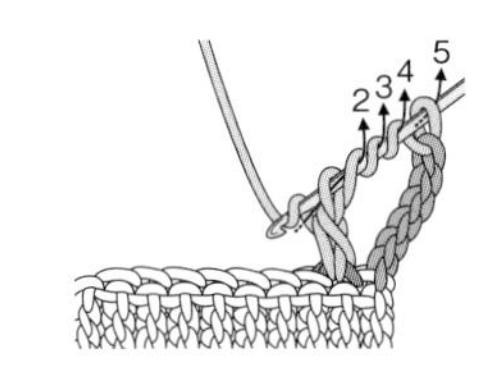

1 在针上绕4圈线，在前一行针目头部的2根线里插入钩针。

2 针头挂线后拉出。

3 针头挂线，从针头的2个线圈里拉出。

4 再重复4次“挂线、引拔穿过2个线圈”。

5 4卷长针就完成了。

 （=） 3针长针的枣形针

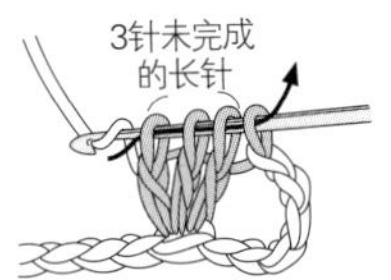

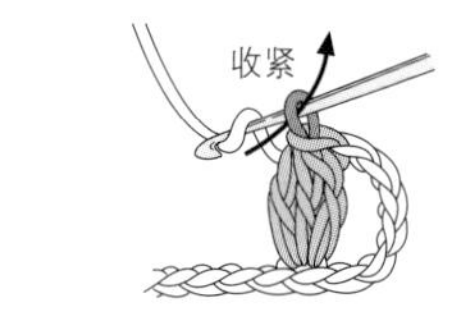

1 在前一行的针目里（此处为锁针起针的里山）挑针，钩织3针未完成的长针。针头挂线，一次性引拔穿过针上的4个线圈。

2 蕾丝作品中，此处还要钩1针锁针收紧针目的头部。

3 这是2个“3针长针的枣形针”完成后的状态。下一行在枣形针的头部挑针时，不是在收紧后的锁针上挑针，而是在原来的枣形针头部挑针。

整段挑针钩织

不是在针目里，而是在空隙里插入钩针挑针时，叫作“整段挑针钩织”。符号图的根部为分开状态时就要整段挑针钩织。

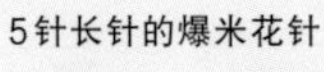

 5针长针的爆米花针

正面

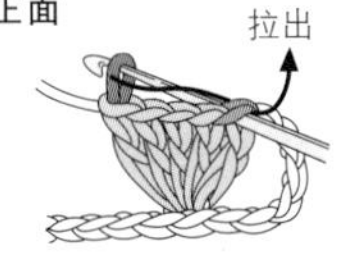

1 在同一个针目里钩织5针长针，暂时取下钩针。从前面将钩针插入右端长针的头部，将刚才取下的针目穿回针上拉出至前面。

2 拉出后的状态。针头再次挂线，钩1针锁针收紧针目。

3 5针长针的爆米花针（正面）就完成了。

反面

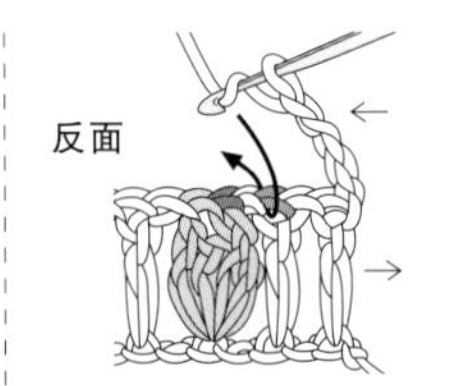

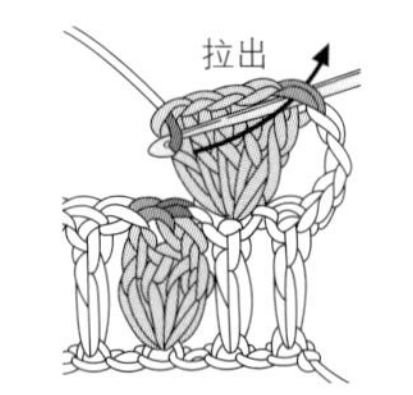

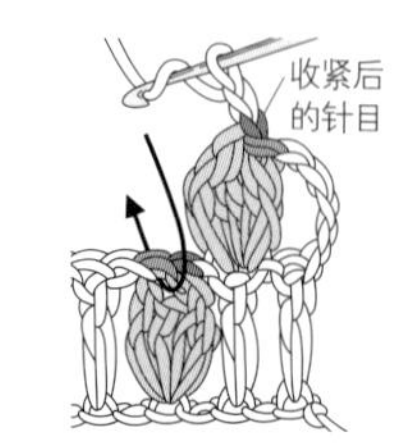

1 在同一个针目里钩织5针长针。

2 暂时取下钩针，从后面将钩针插入右端长针的头部，将刚才取下的针目穿回针上拉出至后面。

3 再钩1针锁针收紧针目。在爆米花针上挑针时，除特别指定外，在围成的环形中插入钩针整段挑针。

2针短针并1针

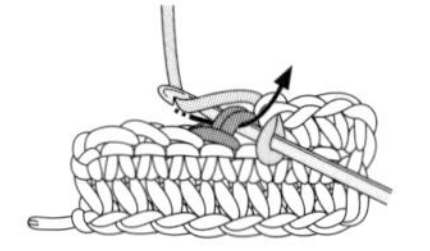

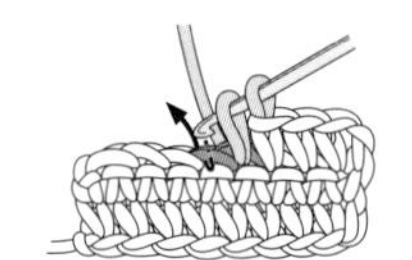

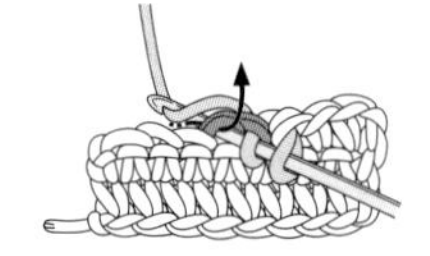

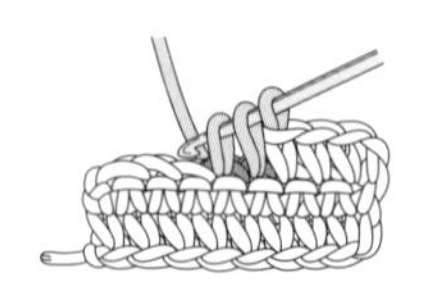

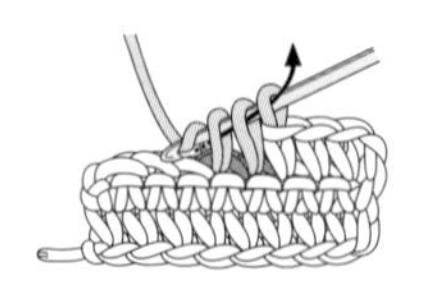

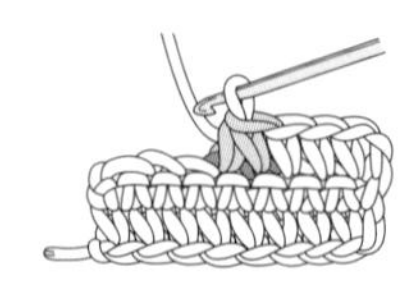

1 在前一行针目头部的2根线里插入钩针，将线拉出至1针锁针的高度。

2 这个状态叫作“未完成的短针”。下一针也在头部的2根线里插入钩针。

3 针头挂线，将线拉出至1针锁针的高度。

4 2针未完成的短针就钩好了。

5 针头挂线，一次性引拔穿过针上的3个线圈（2针并作1针）。

6 “2针短针并1针”就完成了。这是减了1针后的状态。

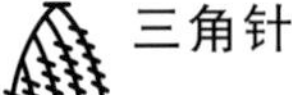 三角针

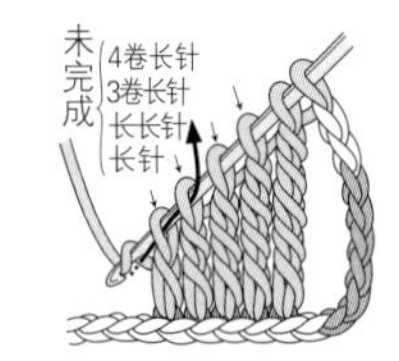

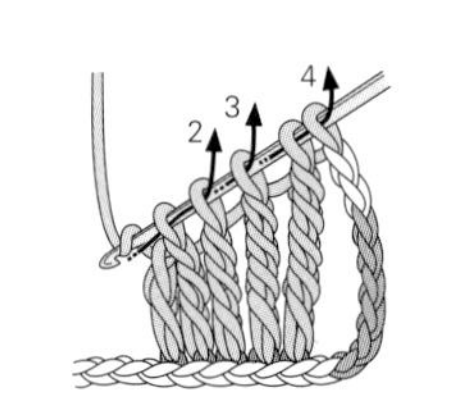

1 在针上绕5圈线，在指定位置插入钩针，钩织未完成的5卷长针。

2 接着在针上绕4圈线，钩织未完成的4卷长针。

3 按相同要领钩织未完成的3卷长针、长长针、长针，然后挂线，引拔穿过针头的2个线圈。

4 引拔后的状态。

5 按相同要领重复“挂线、从针头的2个线圈里拉出”，最后引拔穿过剩下的3个线圈。

6 完成。

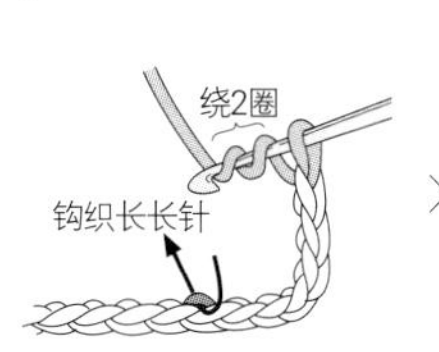 Y字针　先钩织长长针，再像分枝一样从针目的中间挑针钩织长针。

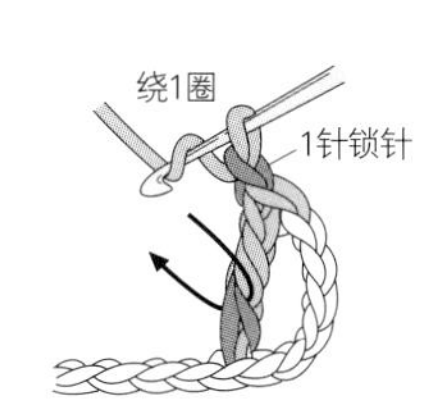

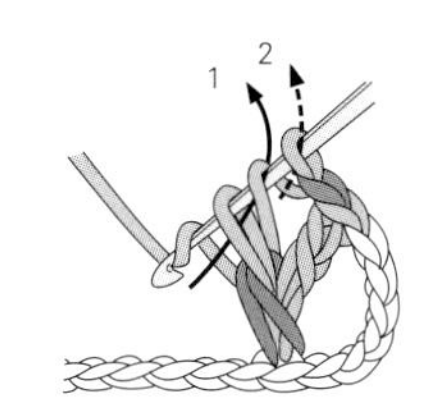

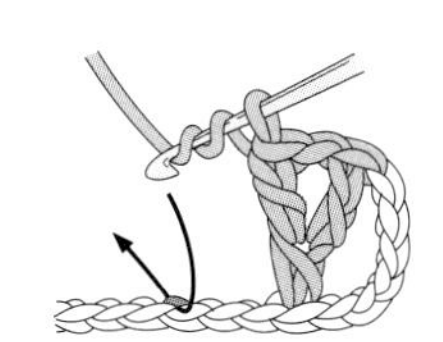

1 在针上绕2圈线，在指定位置插入钩针，钩织长长针。

2 钩织中间的1针锁针，接着在针头挂线，在长长针的根部最下方的2根线里插入钩针。

3 挂线后拉出线圈，钩织长针。

4 Y字针就完成了。

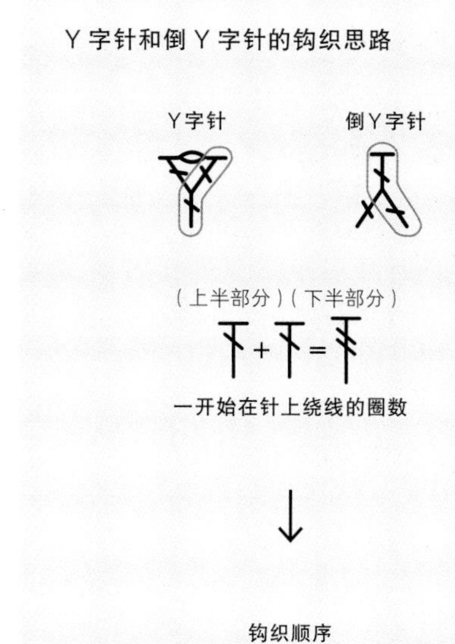

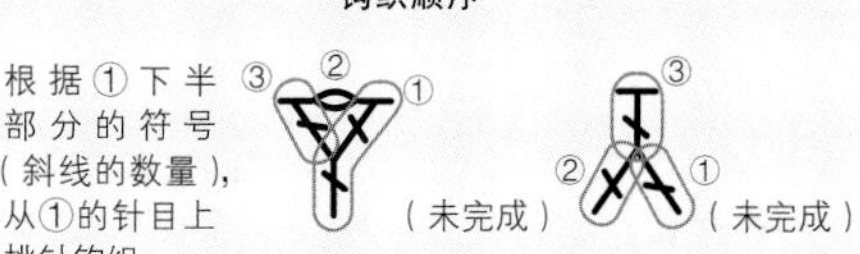

倒Y字针　看上去就像在“2针长针并1针”的上面钩织长针，或者将长长针的针脚分成了2条。

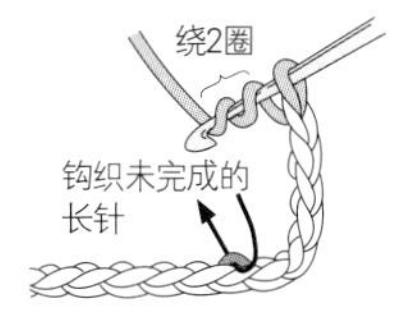

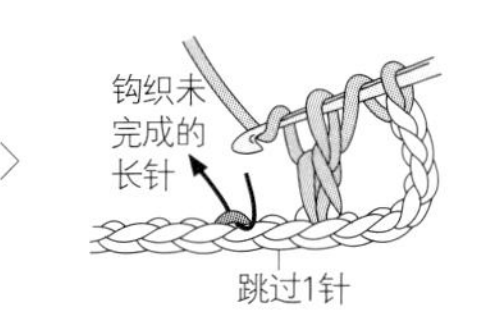

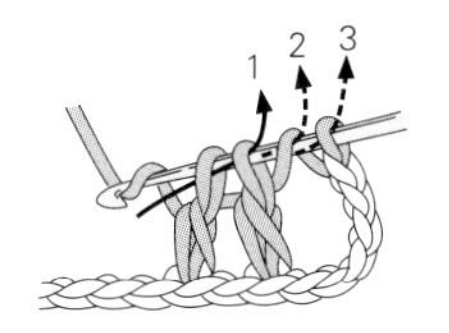

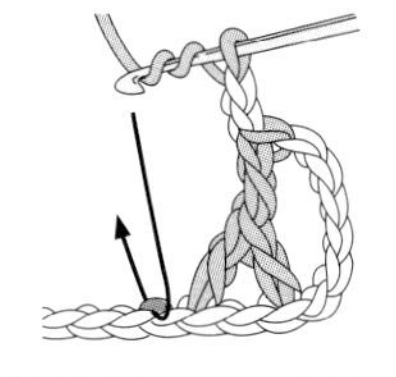

1 在针上绕2圈线，在指定位置插入钩针，钩织未完成的长针。

2 在下个指定位置插入钩针，钩织未完成的长针。

3 在针头挂线，按箭头顺序依次引拔穿过2个线圈，一共引拔3次。

4 倒Y字针就完成了。

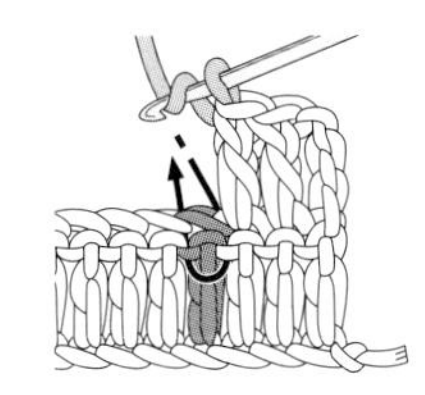 长针的反拉针

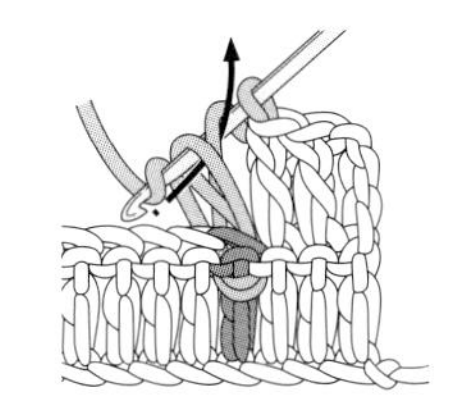
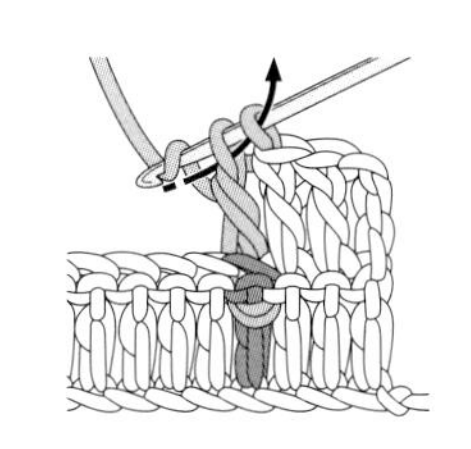
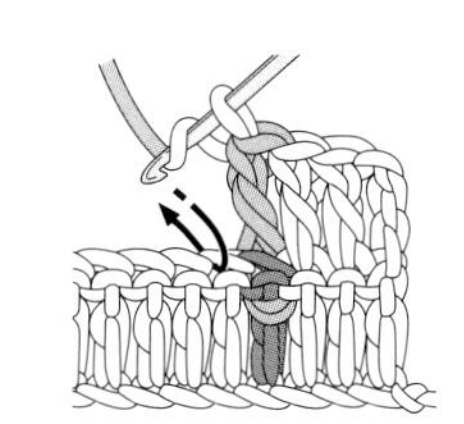

1 针头挂线，从后面插入钩针，挑取前一行针目的整个根部。

2 挂线后拉出，稍微拉得长一点。针头挂线，引拔穿过针上的2个线圈。

3 针头再次挂线，引拔穿过剩下的2个线圈（钩织长针）。

4 长针的反拉针就完成了。

 3针锁针的短针狗牙针

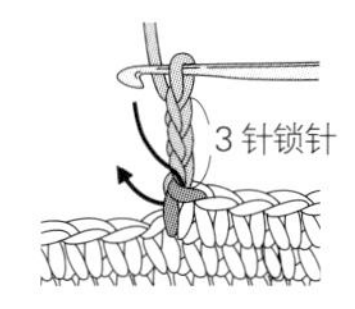

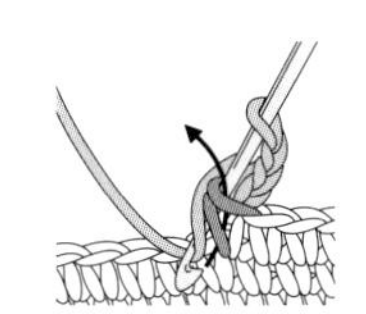
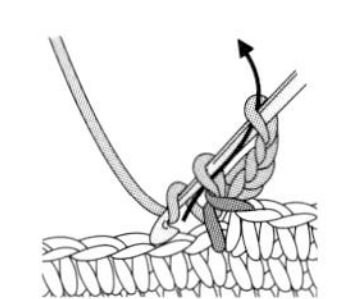
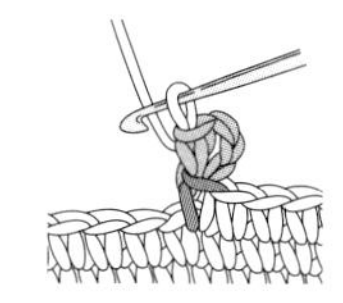

1 从短针接着钩3针锁针，如箭头所示，在短针头部的前面半针和根部的左侧1根线里插入钩针。

2 挂线后拉出。

3 针头挂线，引拔穿过针上的2个线圈（钩织短针）。

4 3针锁针的短针狗牙针就完成了。

 3针锁针的狗牙拉针（在短针上钩织）

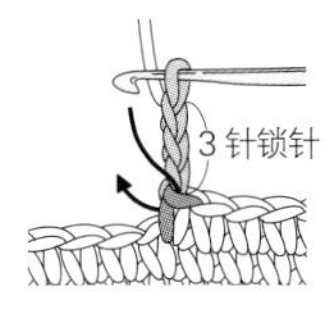

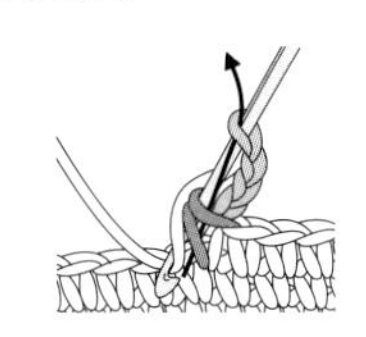
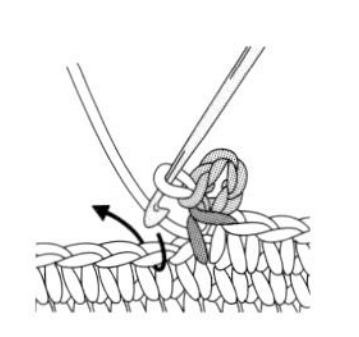
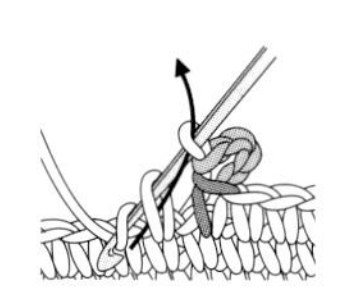

1 从短针接着钩3针锁针，如箭头所示，在短针头部的前面半针和根部的左侧1根线里插入钩针。

2 针头挂线，如箭头所示，一次性引拔至锁针。

3 3针锁针的狗牙拉针就完成了。接着钩织下个针目。

4 钩织下个针目（此处为短针）后，狗牙针就固定下来了。

3针锁针的狗牙拉针（在锁针上钩织）

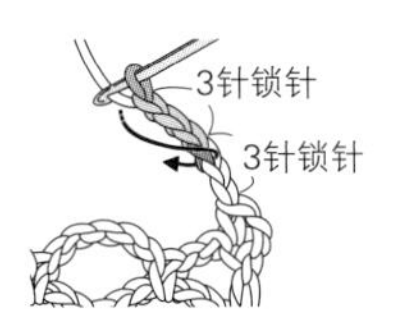

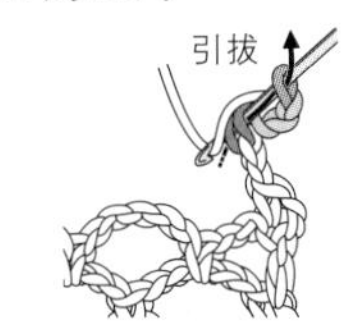

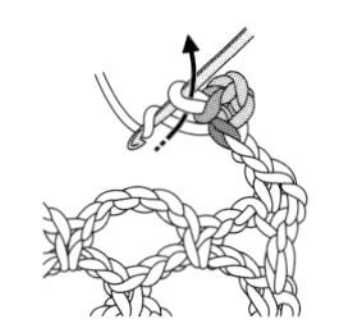

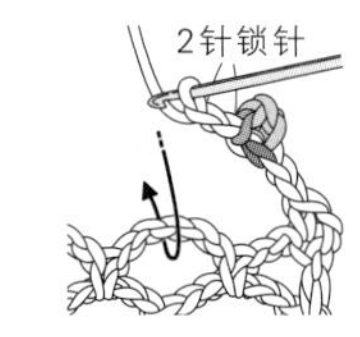

1 从前面的锁针接着钩织狗牙针部分的3针锁针，然后如箭头所示，在狗牙针前一针锁针的半针和里山共2根线里插入钩针。

2 针头挂线，引拔。

3 在锁针的中间钩织“3针锁针的狗牙拉针”就完成了。

4 接着钩织锁针。

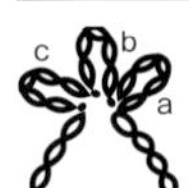

3个连续狗牙拉针

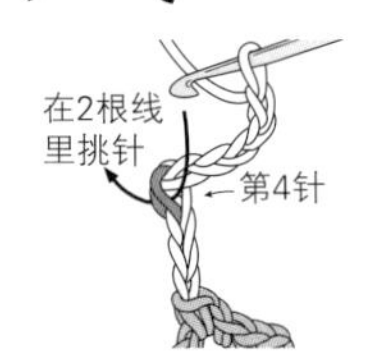

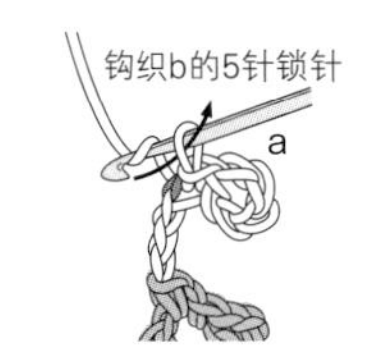

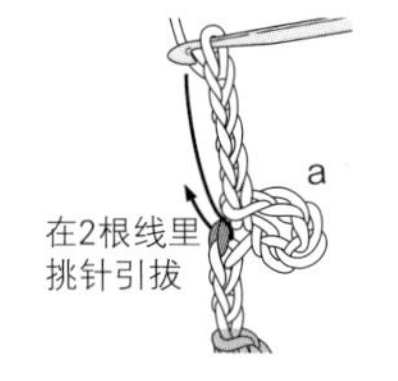

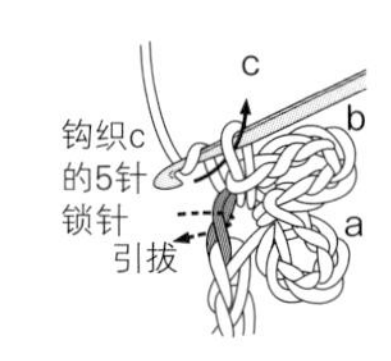

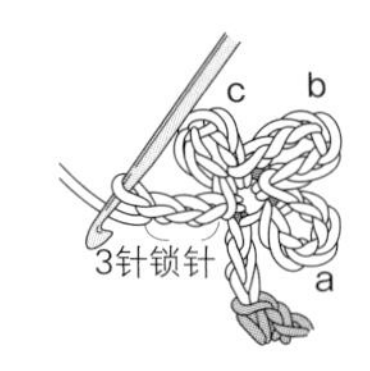

1 从前面的锁针（此处为4针）接着钩织第1个狗牙针的锁针（此处为5针）。

2 在狗牙针前一针锁针的半针和里山的2根线里插入钩针，挂线引拔。

3 钩织下一个狗牙针的锁针（此处为5针）。

4 从前面将钩针插入步骤**1**的相同位置，按步骤**2**的要领引拔。

5 接着钩织下一个狗牙针的锁针（此处为5针），按相同要领引拔。

6 3个连续狗牙拉针就完成了。接着钩织锁针（此处为3针）。

行与行的连接处的钩织方法

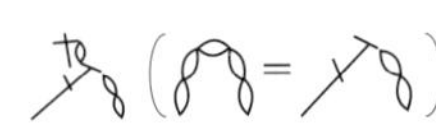

网格针为5针锁针的情况

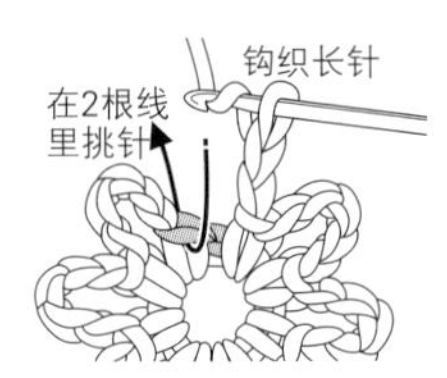

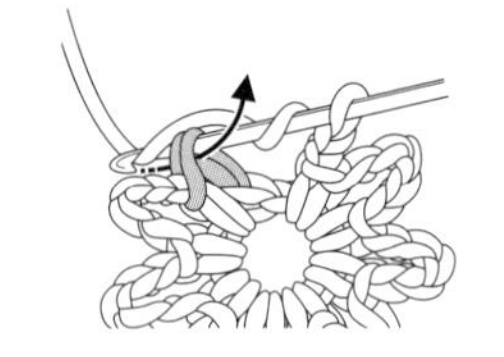

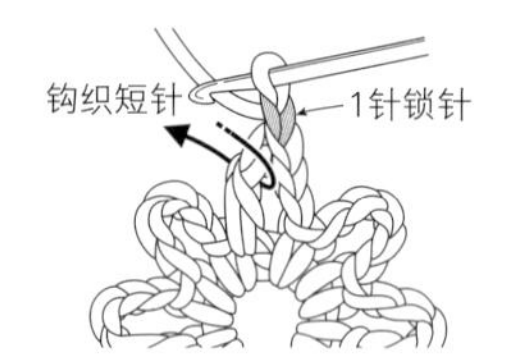

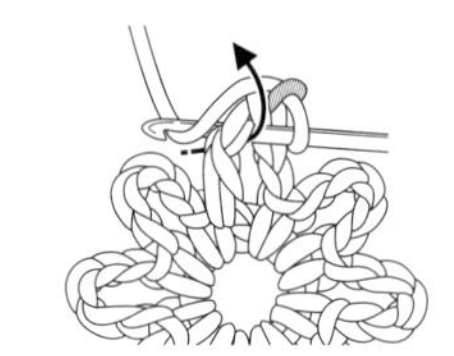

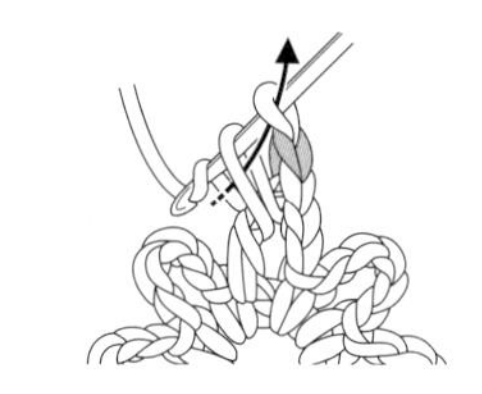

1 终点钩织2针锁针。在起点第1针短针头部的2根线里插入钩针。

2 钩织长针（相当于3针锁针）。

3 立织1针锁针，然后在前一行长针的空隙里插入钩针整段挑起。

4 针头挂线后拉出。

5 引拔穿过针上的2个线圈（钩织短针）。

网格针为7针锁针的情况

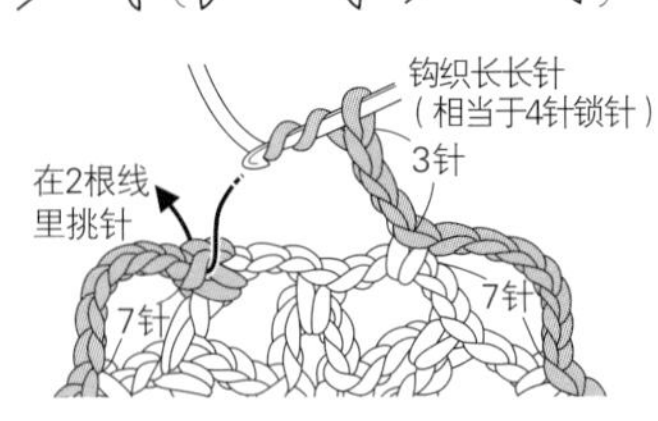

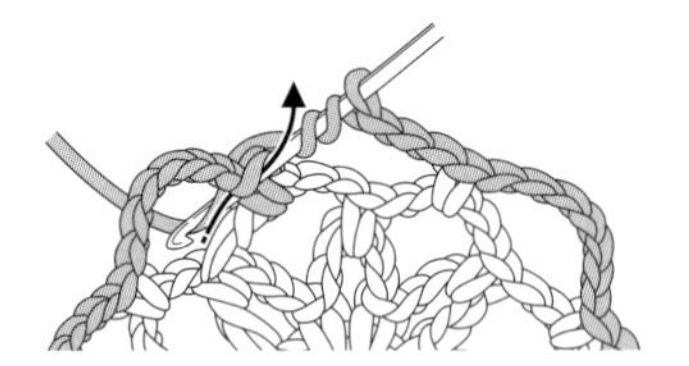

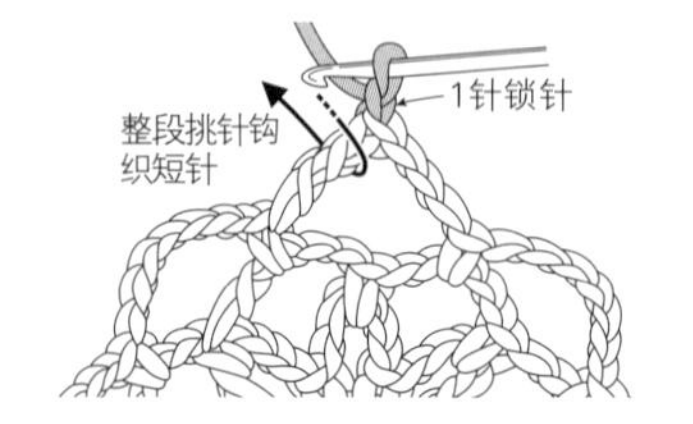

1 终点钩织3针锁针。在起点第1针短针头部的2根线里插入钩针。

2 钩织长长针（相当于4针锁针）。

3 立织1针锁针，然后在前一行长针的空隙里插入钩针整段挑起，钩织短针。

POINT

如果从中心向外环形钩织，各行的终点在立织的锁针上引拔时，在“正面八字形的2根线和里山之间”插入钩针引拔。

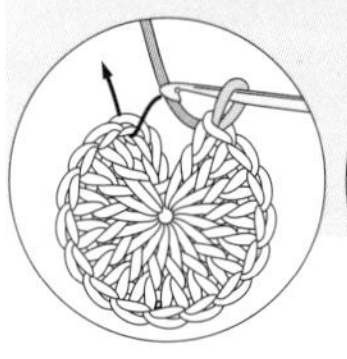

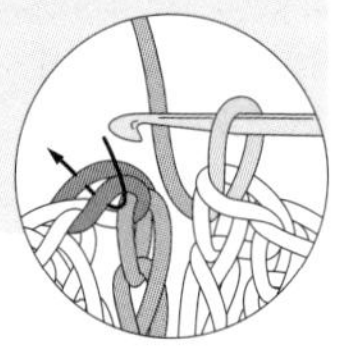

钩引拔针至下一行起点的方法

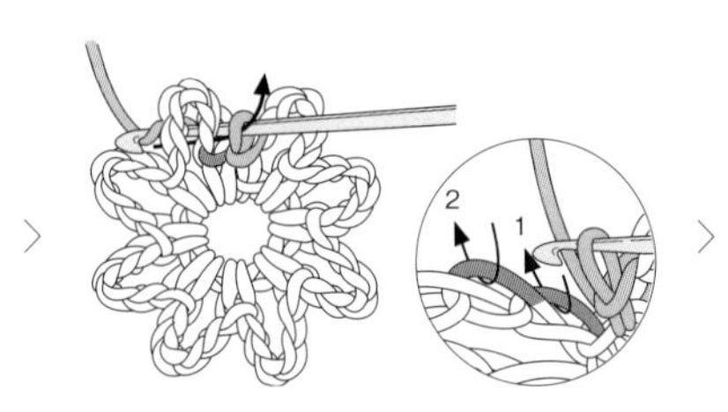

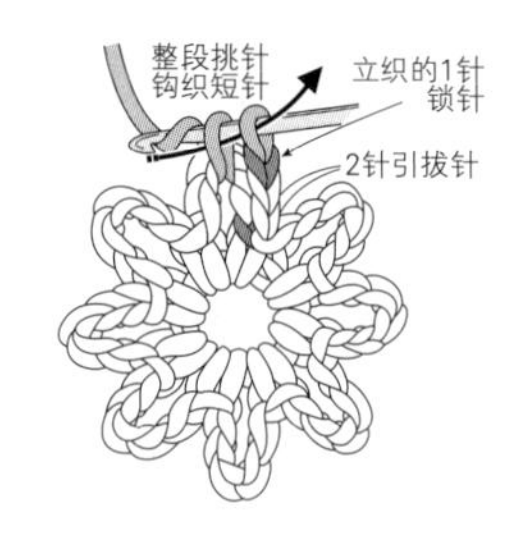

1 终点在起点的短针头部的2根线里引拔。

2 在锁针上（挑取锁针的外侧1根线）引拔至第1个网格的中间，调整起立针位置。

3 引拔至起立针的位置后，开始钩织下一行（此处立织1针锁针，整段挑针钩织短针）。

线头的处理

网格针的情况

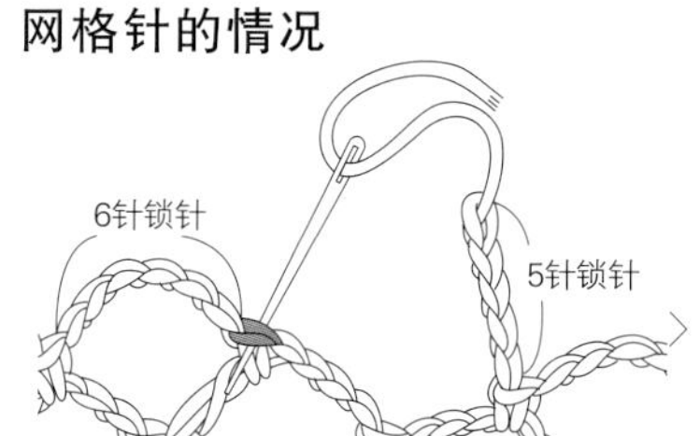

1 最后的网格少钩1针锁针。将钩针上最后一针的线圈拉长，留出15cm左右的线头剪断。将线头穿入缝针，从后往前挑取起点短针头部的2根线。

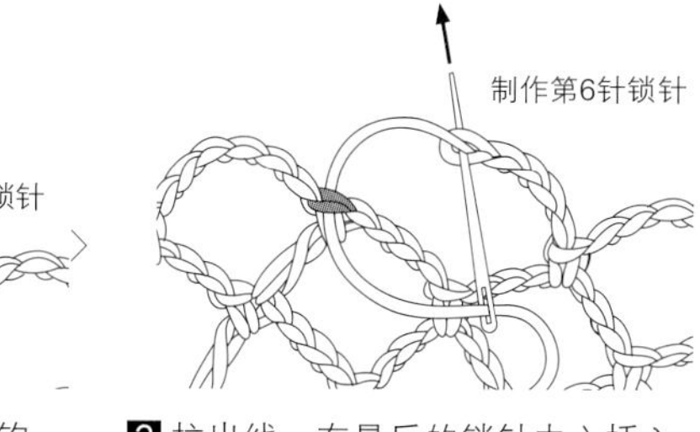

2 拉出线，在最后的锁针中心插入缝针。

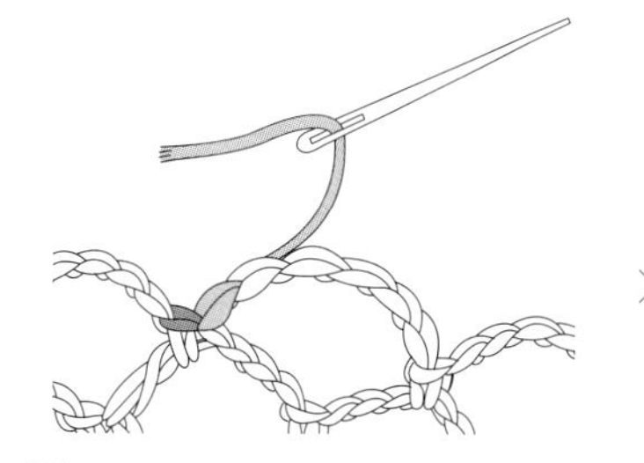

3 将线拉至1针锁针的大小，相当于补上了1针锁针。

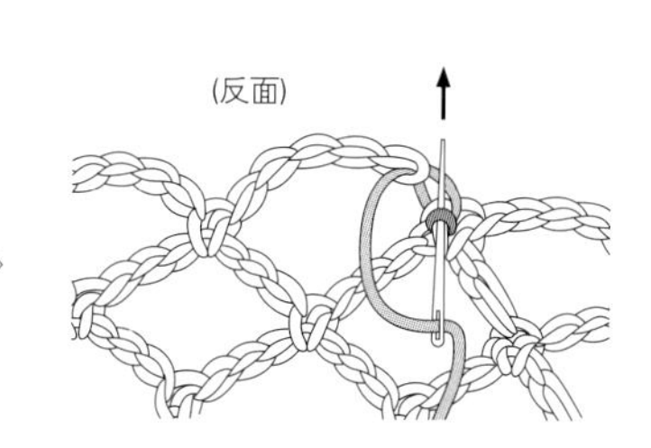

4 将织物翻至反面，从下方将缝针插入短针的里山。

(反面)

5 按箭头所示要领，一上一下沿着里山穿针。再紧贴着织物剪断线头。

锁针以外的情况

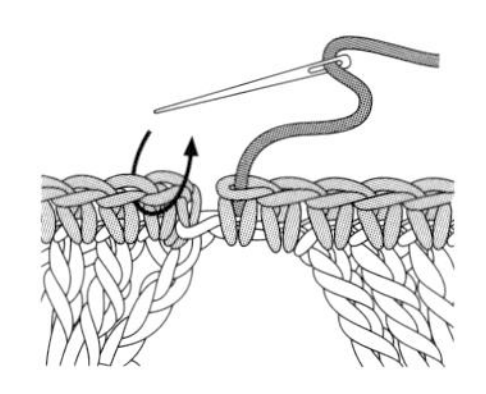

1 按箭头所示要领，在起点的第2针头部插入缝针。

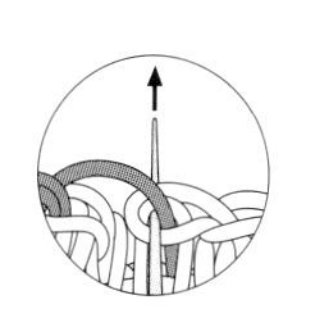

2 从第2针短针的头部将线拉出至前面，再往回将缝针插入终点原来的针目中心。

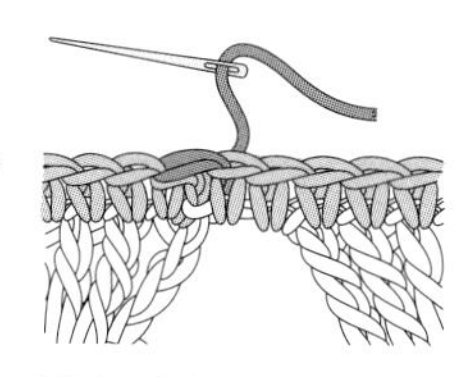

3 将线拉至1针锁针的大小，这样就形成了1个针目重叠在起点针目的头部。

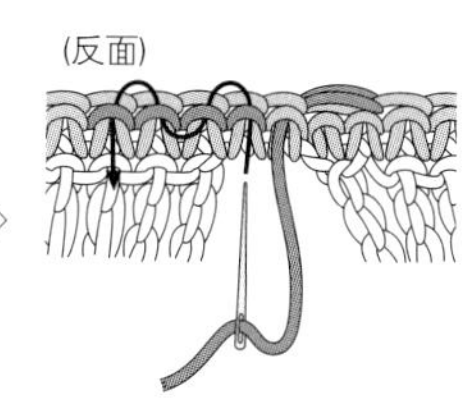

4 将织物翻至反面，在针目（此处为短针）的里山穿针藏好线头。

花片的连接方法

用引拔针做连接的方法

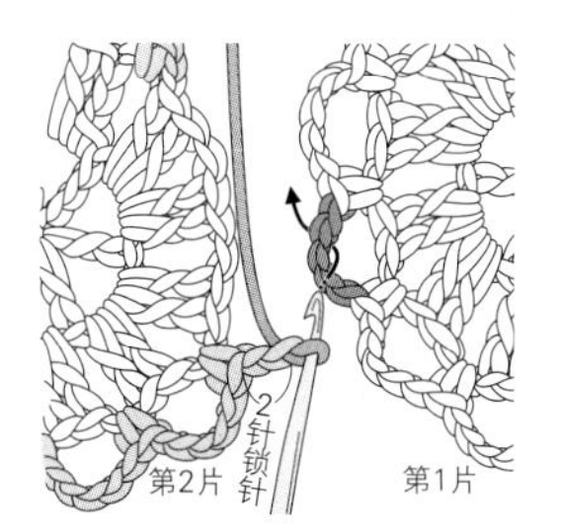

1 钩织连接位置前的锁针（此处为2针）。从上方将钩针插入第1片花片的锁针空隙里，整段挑针。

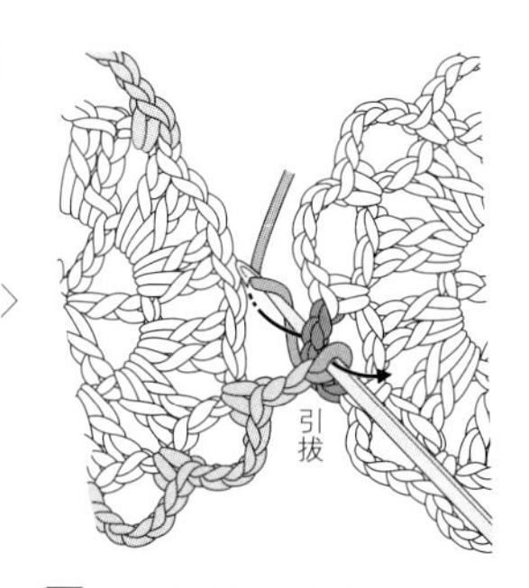

2 针头挂线，引拔。

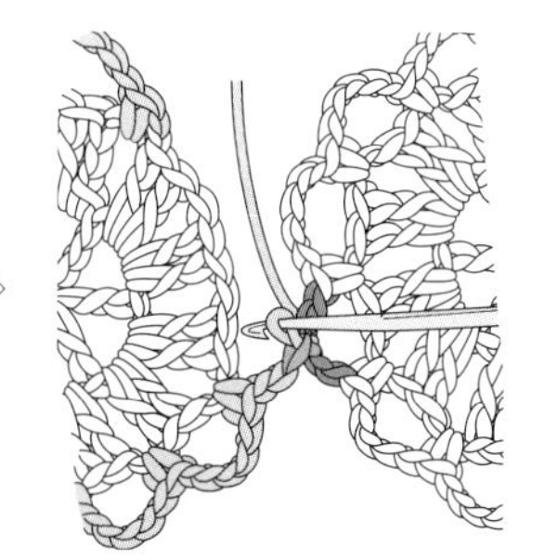

3 引拔后的状态。

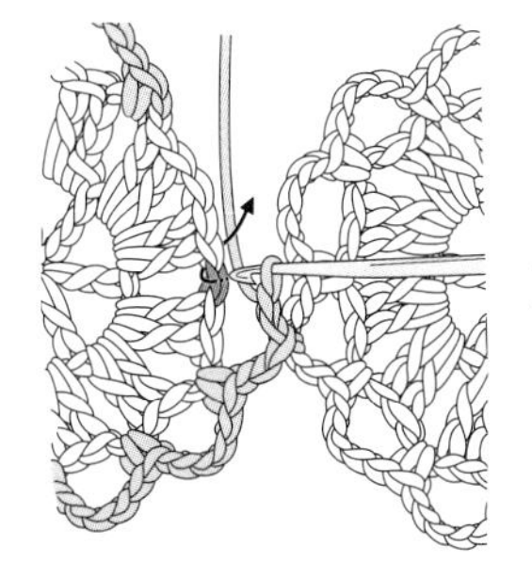

4 回到第2片花片继续钩织。

5 按相同要领在4处连接后的状态。

在转角处连接4片花片

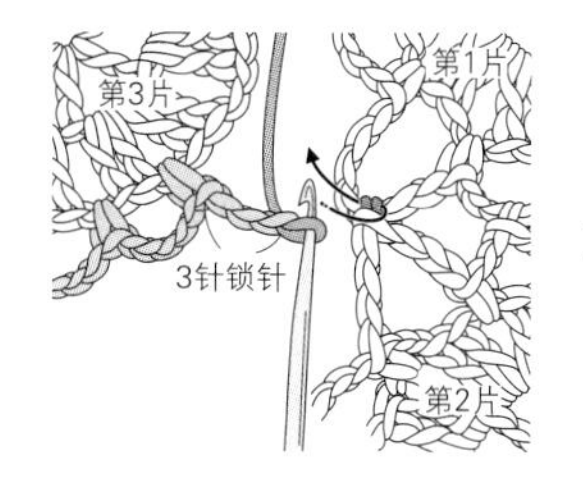

1 钩织第3片花片连接位置前的锁针（此处为3针），从上方将钩针插入第2片花片连接部位的引拔针的根部2根线里。

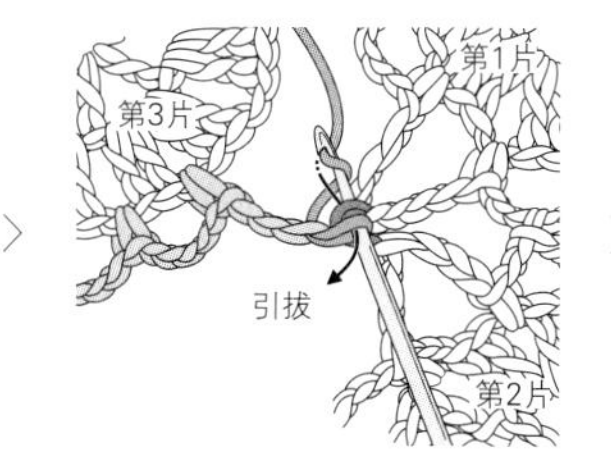

2 针头挂线，引拔。

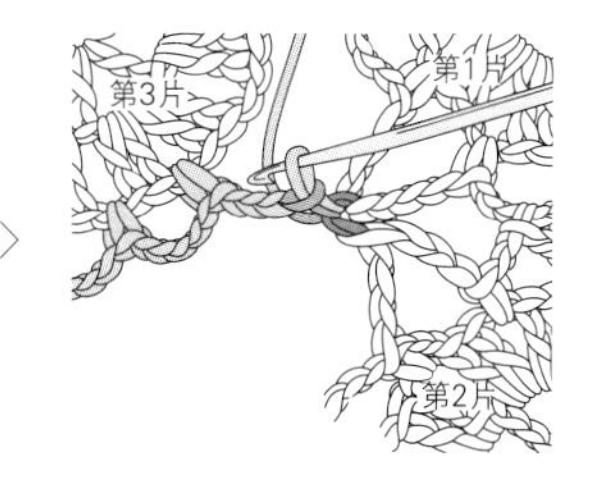

3 引拔后的状态。继续钩织第3片花片。

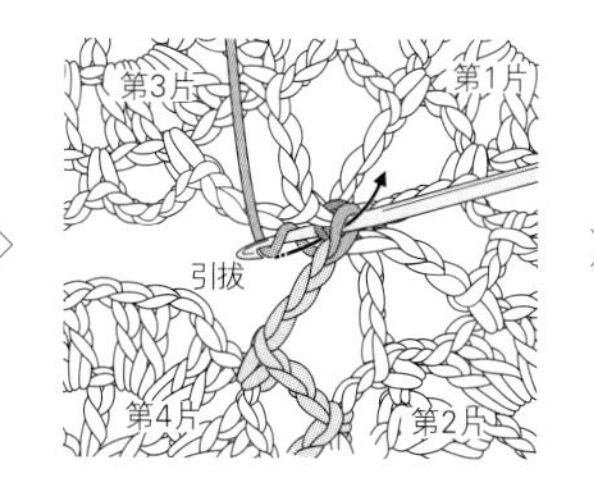

4 第4片花片也一样，从上方将钩针插入第2片花片连接部位的引拔针的根部2根线里，引拔。

5 引拔后的状态。至此，4片花片在转角处连接在了一起。继续钩织第4片花片。

用短针做连接的方法

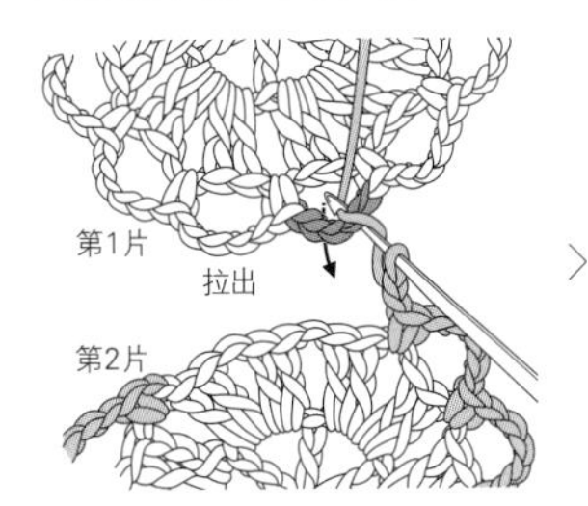

■1 从反面将钩针插入第1片花片的锁针空隙里整段挑针，针头挂线后拉出。

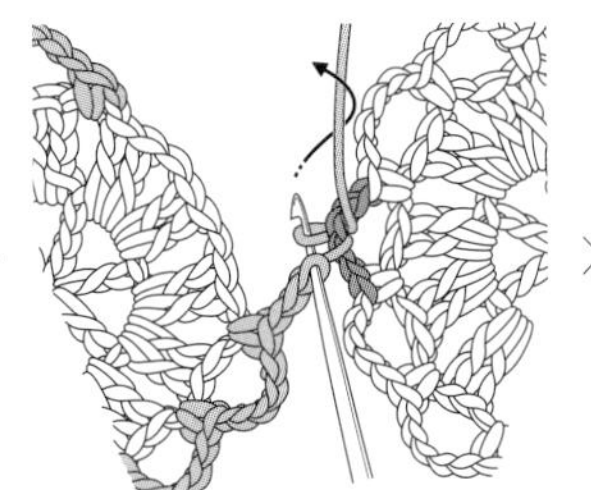

■2 针头再次挂线。

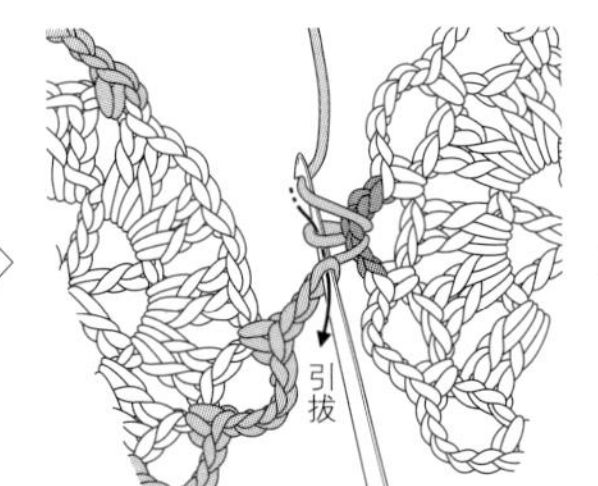

■3 一次性引拔穿过2个线圈（钩织短针）。

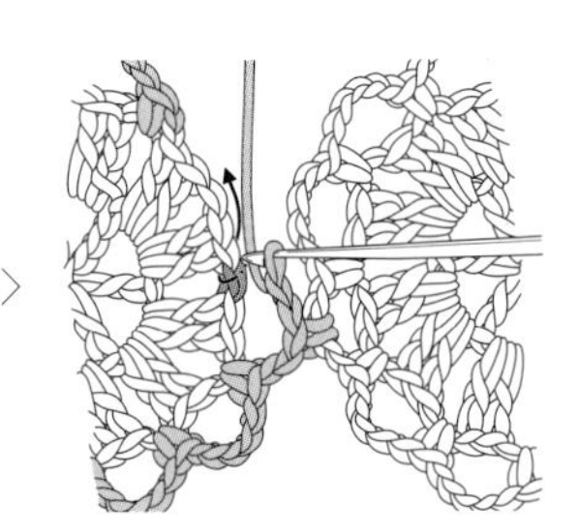

■4 用短针连接2片花片就完成了。回到第2片花片继续钩织。

在转角处连接4片花片

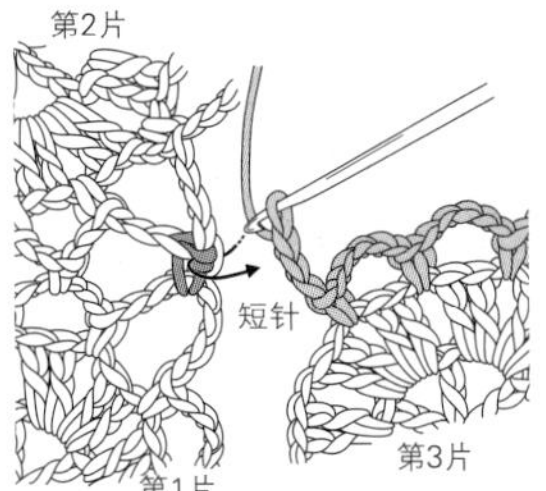

■1 从反面将钩针插入第2片花片连接部位的短针根部的2根线里。

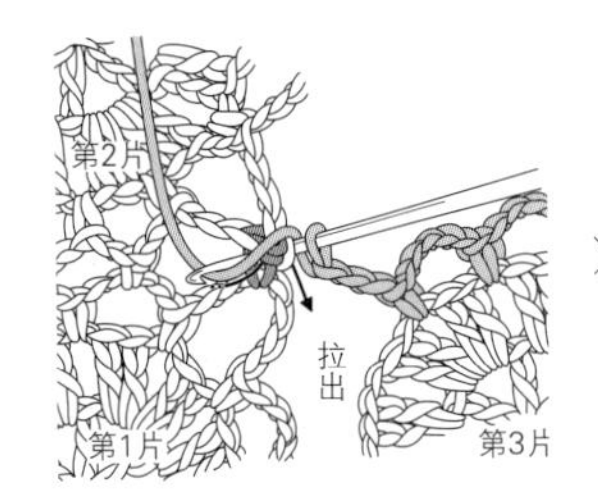

■2 针头挂线后拉出。

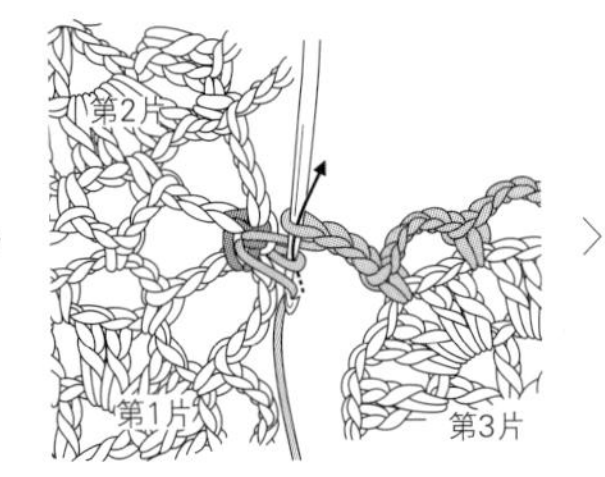

■3 针头再次挂线，引拔穿过2个线圈（钩织短针）。

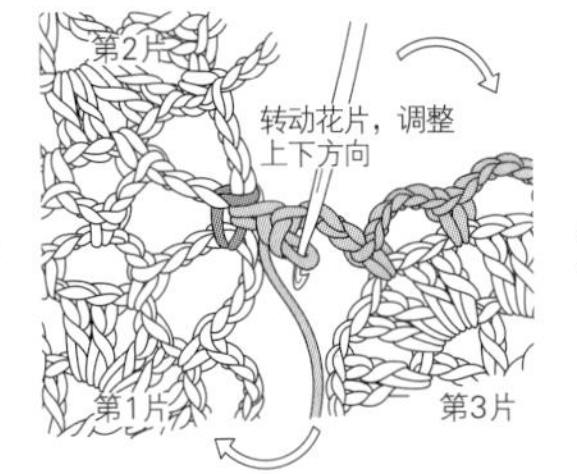

■4 短针完成。继续钩织第3片花片。

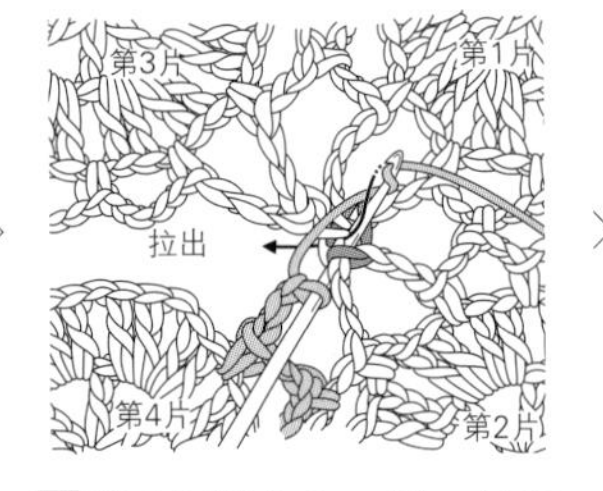

■5 第4片花片也一样，从反面将钩针插入第2片花片连接部位的短针根部的2根线里，钩织短针。

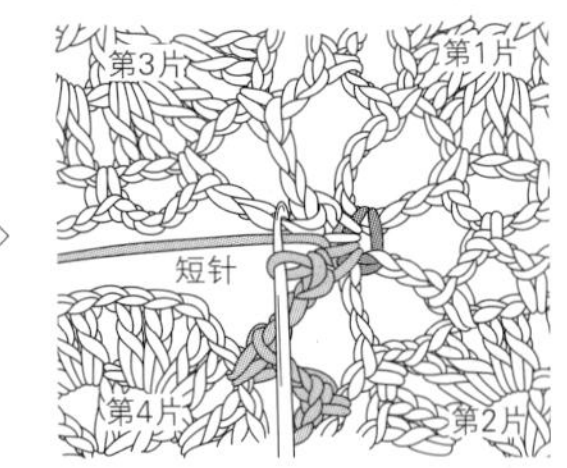

■6 至此，4片花片在转角处连接在了一起。继续钩织第4片花片。

用长针做连接的方法

※第1针先暂时取下钩针，从第1片花片里拉出针目连接后，再一边挑取第1针长针的头部一边钩织。

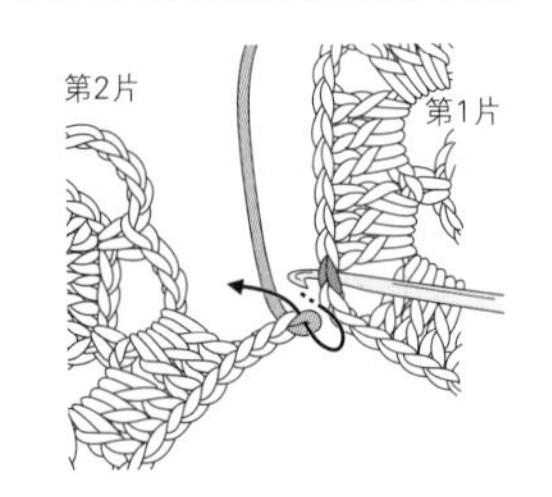

■1 从第2片花片上暂时取下钩针，在第1片花片的长针后面一针锁针头部的2根线里插入钩针。

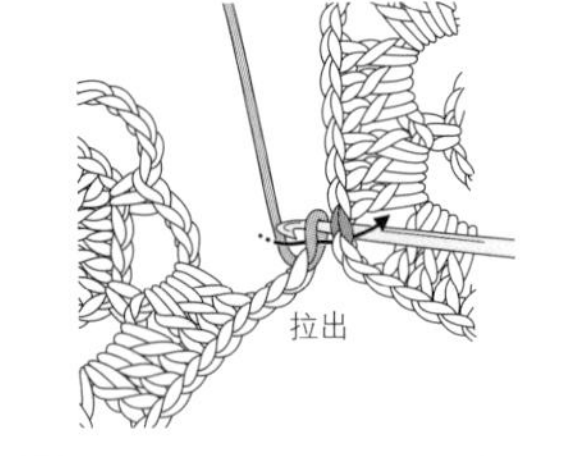

■2 将第2片花片的针目穿回针上，从第1片花片里拉出。

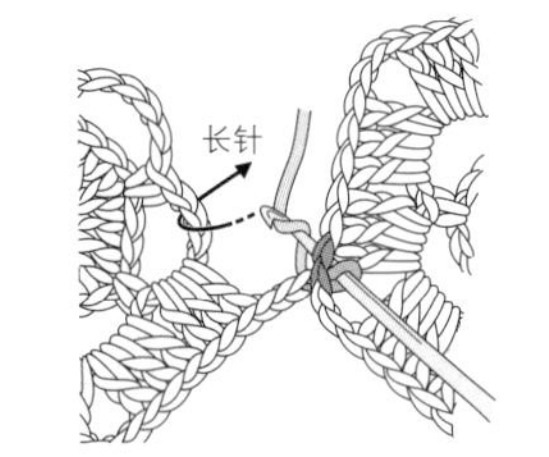

■3 在下一个长针头部的2根线里插入钩针，针头挂线，在第2片花片里插入钩针。

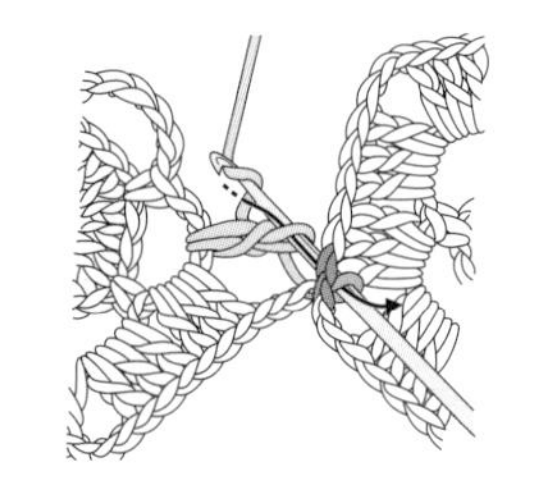

■4 钩织长针。最后引拔穿过2个线圈，同时也从第1片花片里穿过。

■5 这样就与第1片花片的长针头部连接在了一起。从下一针开始按步骤■3、■4的要领钩织。

方眼花样的钩织要点

方格=长针+2针锁针 的钩织方法

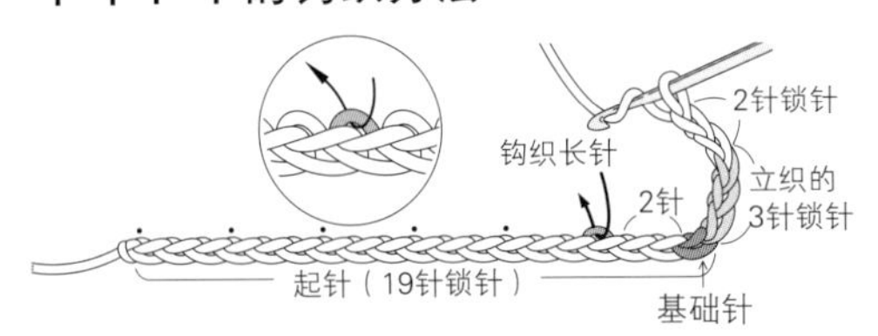

■1 立织3针锁针，接着钩织方格的2针锁针。针头挂线，在起针的右数第4针锁针的里山1根线里挑针。

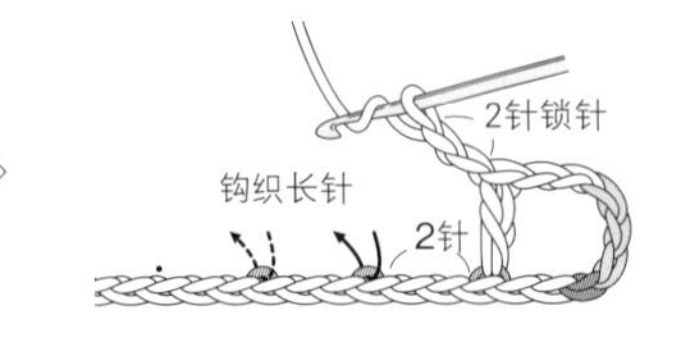

■2 跳过起针的2针锁针，重复钩织“2针锁针、1针长针”。

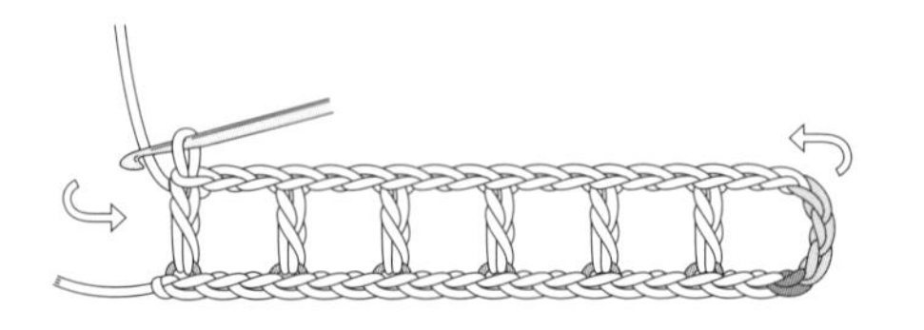

■3 钩织至左端后，将织物的右端向后推，逆时针方向翻转织物。

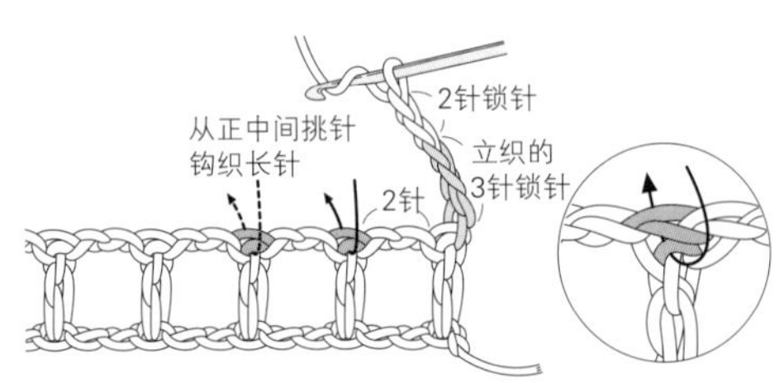

■4 此时，第1行的反面朝前。立织3针锁针，接着钩织方格的2针锁针。如箭头所示从前一行长针的正中间挑针。

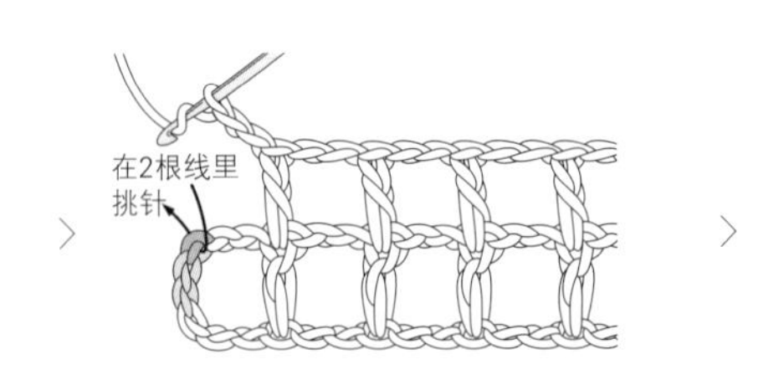

■5 左端的最后，在前一行立织的第3针锁针的里山和外侧半针的2根线里挑针（第1行立织的锁针反面朝前）。

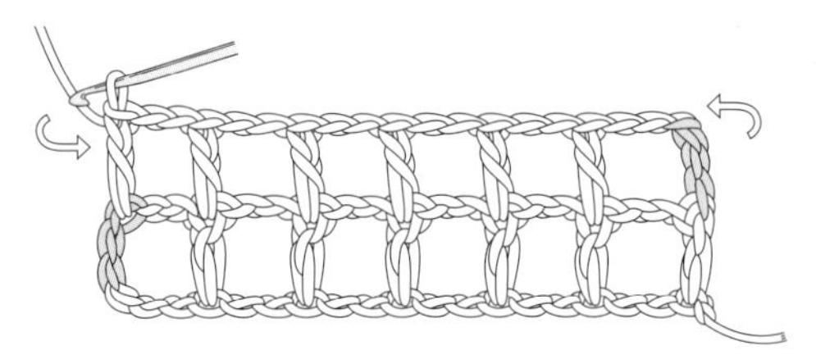

■6 第2行就完成了。按步骤■3相同要领翻转织物。

POINT 长针的挑针方法

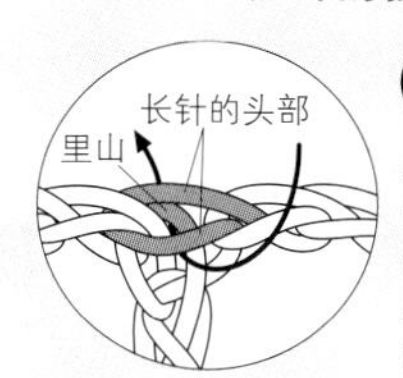

○ **从长针的正中间挑针**

在长针头部的2根线以及里山的3根线里挑针钩织。这样可以使纵向针目保持在一条线上，方格框架更加端正整齐。

× 如果在长针头部的2根线里挑针钩织，针目会发生偏移。

的钩织方法

1 图案部分是在前一行方格的锁针上整段挑针钩织2针长针，将图案融入到花样中。

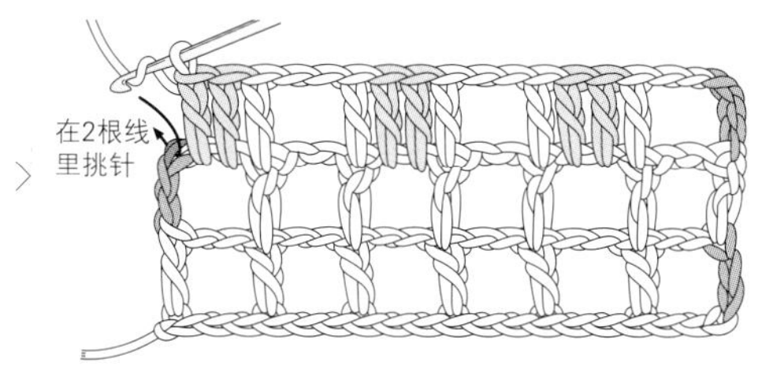

2 左端的最后，在前一行立织的第3针锁针的外侧半针和里山的2根线里挑针（从第2行开始，立织的锁针正面朝前）。

的钩织方法

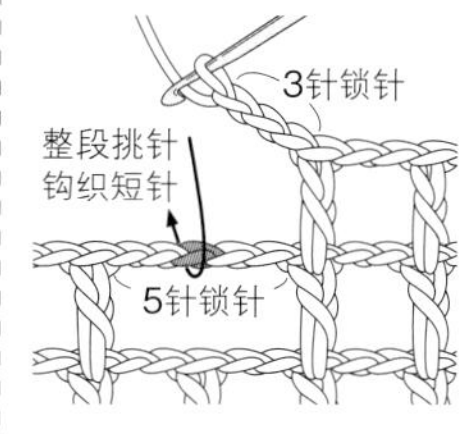

1 连续2格的位置要钩织5针锁针。先钩3针锁针，然后在前一行5针锁针的中间整段挑针，钩织短针。

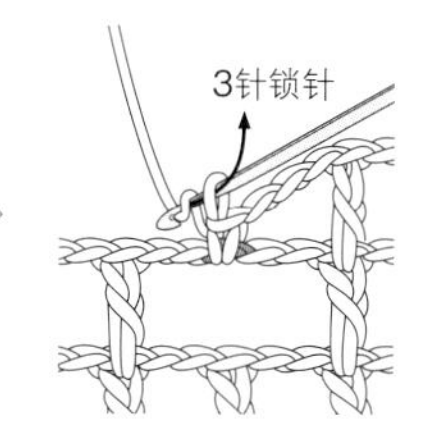

2 接着钩3针锁针。

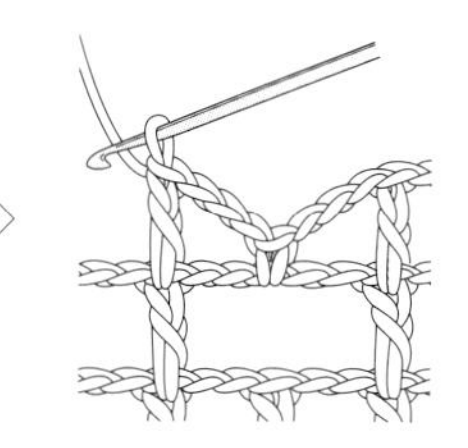

3 钩织长针后，就完成了和图案一样的形状。

在织物的中心增加1格的方法

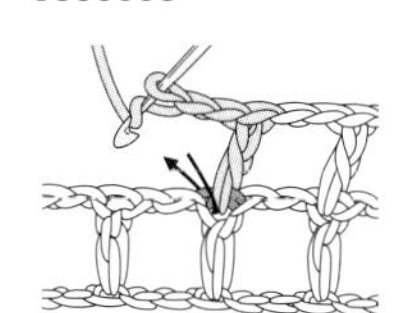

1 在前一行的同一针长针里钩织1个方格的针数（锁针和长针）。

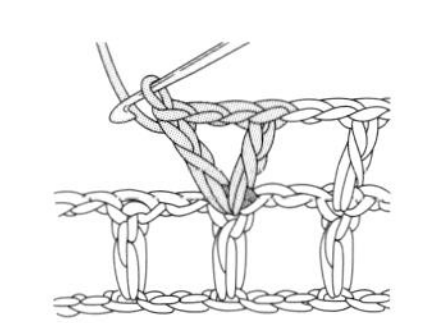

2 增加了1个V字形的格子，织物因此会向左右两边扩展。

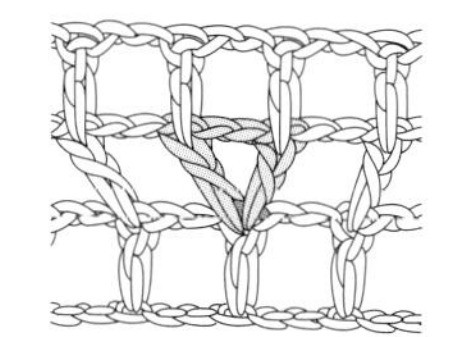

3 下一行又变成了端正的方格。

在一行的起点增加1格的方法（锁针方格）

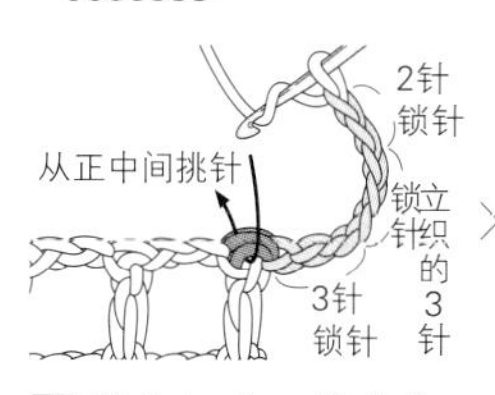

1 翻转织物，接着钩8针锁针。针头挂线，从前一行边上长针的正中间挑针。

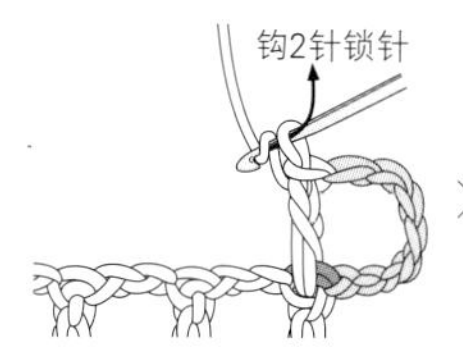

2 钩织长针。

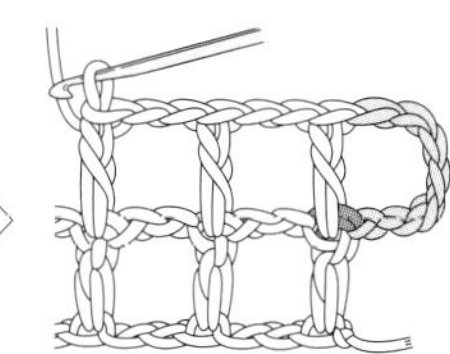

3 1个四边形方格就完成了。继续钩织至左端。

在一行的起点增加1格的方法（长针方格）

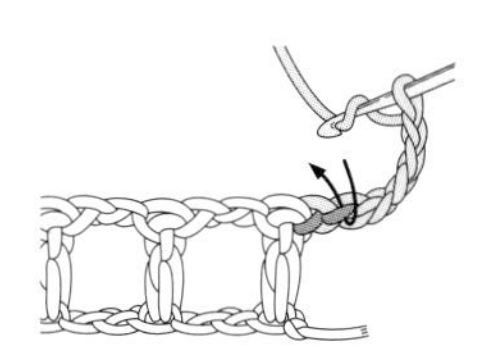

1 钩6针锁针，如箭头所示，在针头所挂线圈往后数第6针锁针的里山插入钩针，钩织填充方格的长针。

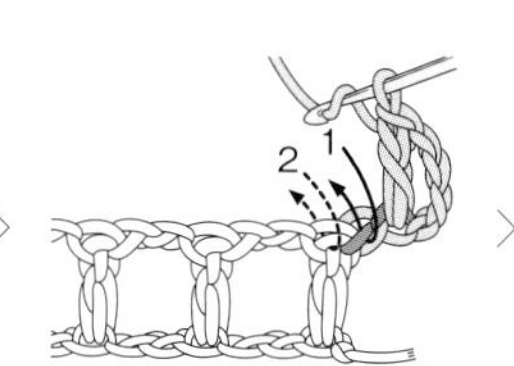

2 按相同要领，从里山挑针再钩1针长针。

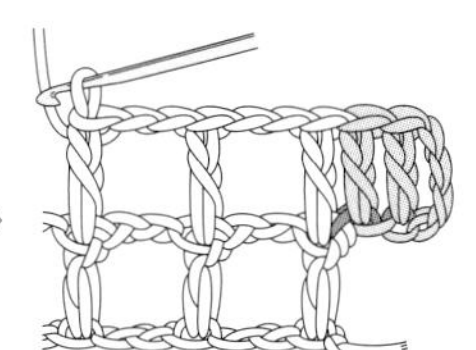

3 从前一行边上长针的正中间挑针，钩织作为竖框线的长针，1个四边形长针方格就完成了。

在一行的起点增加2格的方法（锁针方格）

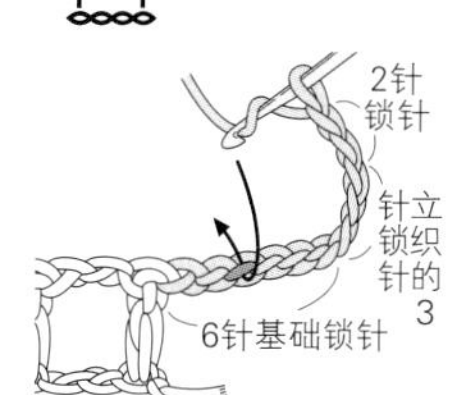

1 钩11针锁针，在针头所挂线圈往后数到第10针锁针的里山挑针，钩织作为竖框线的长针。

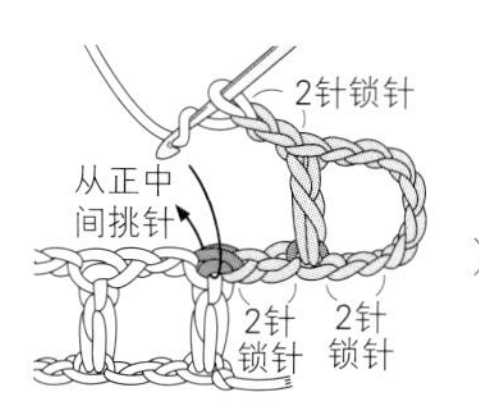

2 钩2针锁针，这次从前一行边上长针的正中间挑针钩织长针。

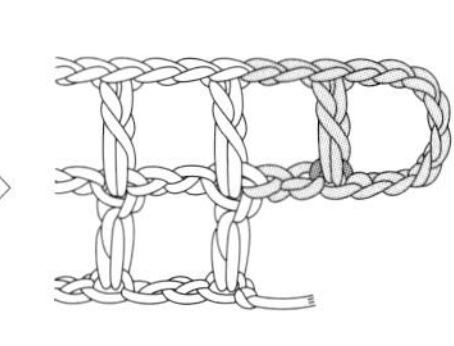

3 增加了2个方格。继续钩织至左端。

在一行的终点增加1格的方法（长针方格）

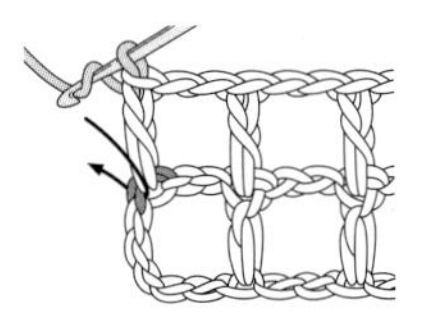

1 钩织左端的长针，接着针头挂线，在相同位置插入钩针。

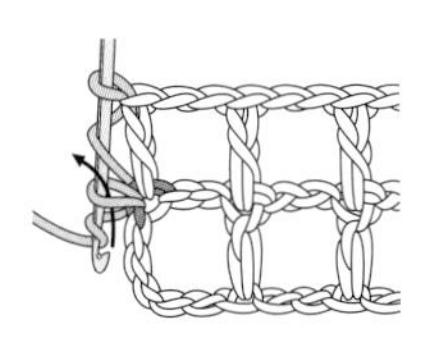

2 将线拉出，这个锁针将作为第1针长针的基础针。针头挂线后拉出，如箭头所示钩1针锁针。

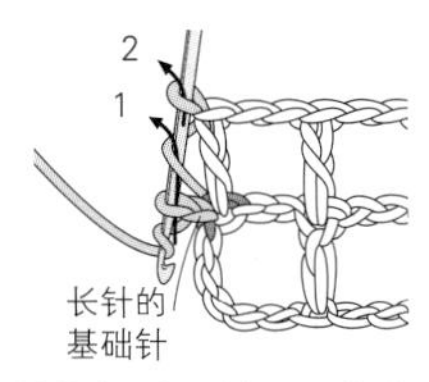

3 接着按长针的钩织要领拉出线。

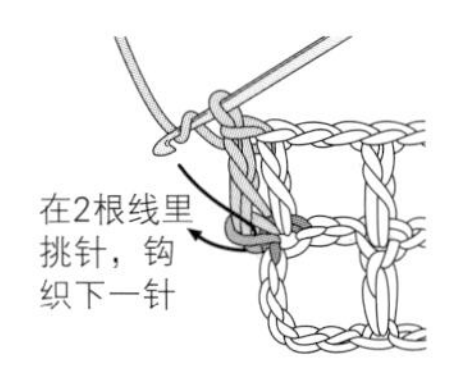

4 带基础针的1针长针就完成了。第2针在第1针基础锁针的前侧半针和里山（连着第1针长针根部的线圈）共2根线里挑针，重复步骤**2**、**3**钩织长针。

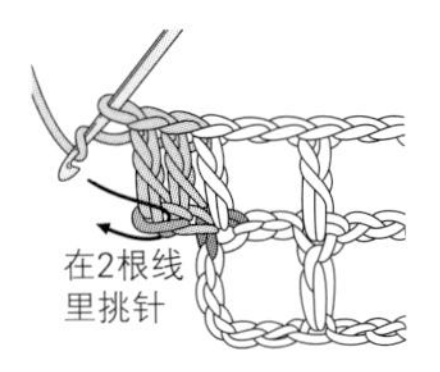

5 第3针也按相同要领插入钩针。

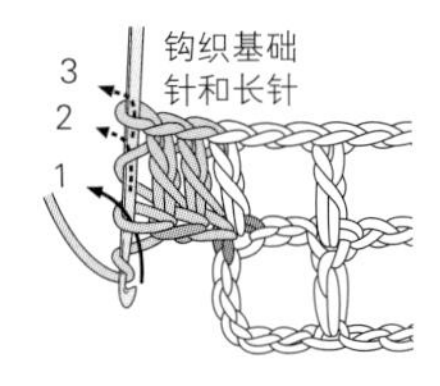

6 将线拉出时稍微紧一点，按相同要领钩织带基础针的长针。

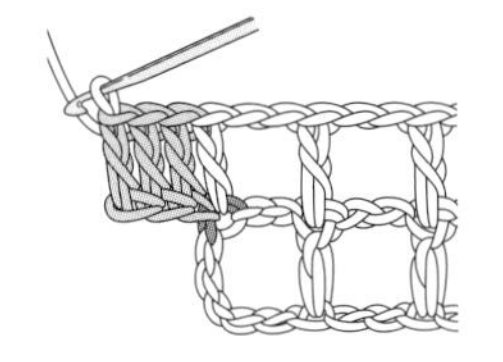

7 至此，1个方格的加针就完成了。钩织时注意统一基础针的大小。

在一行的起点减少1格的方法（锁针方格）

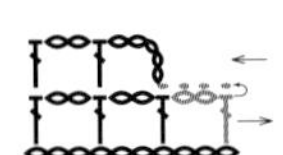

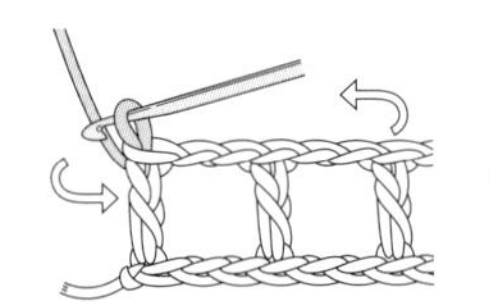

1 钩织至一行的末端后，翻转织物。

2 避开前面的编织线，在边上长针头部的2根线里插入钩针。

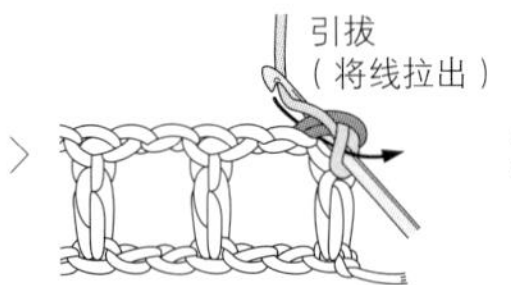

3 针头挂线引拔。

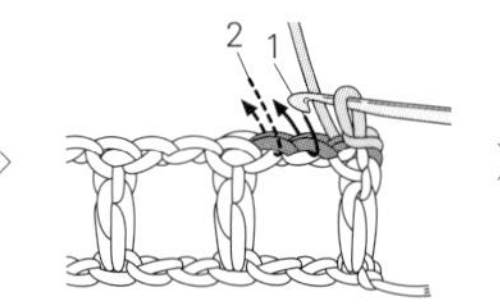

4 锁针上的引拔针是在正面的头部2根线里插入钩针，挂线引拔。

5 长针上的引拔针是从正中间挑针引拔。

6 减少了1个方格后，立织3针锁针。

在一行的起点减少1格的方法（长针方格）

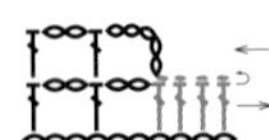

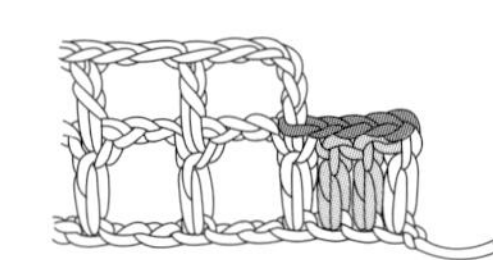

按锁针方格的相同要领，从边针开始在长针头部的2根线里引拔。

边缘编织的挑针方法

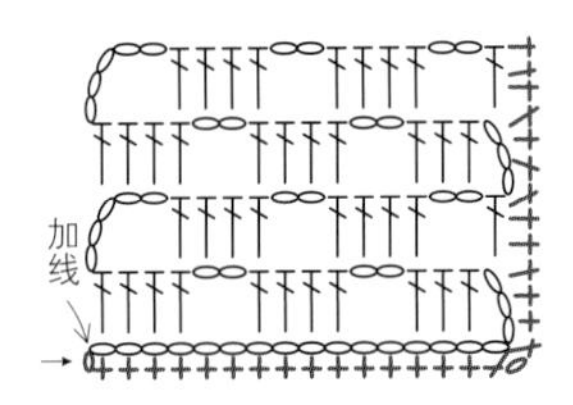

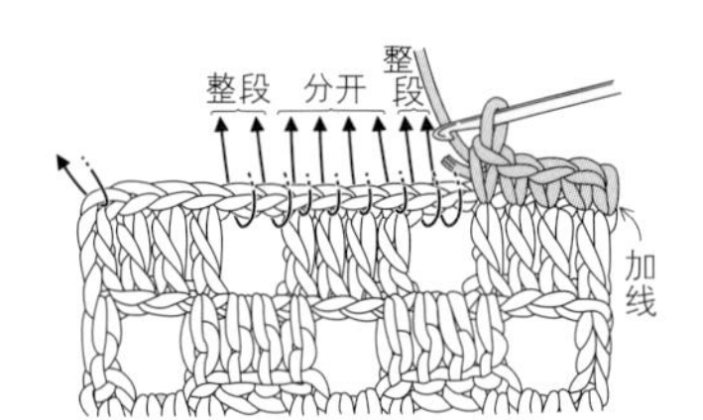

1 从起针的另一侧挑针时，钩织了主体针目的地方在剩下的线圈里（分开起针的针目）挑针钩织。保留了起针时锁针状态的地方将锁针整段挑起钩织。

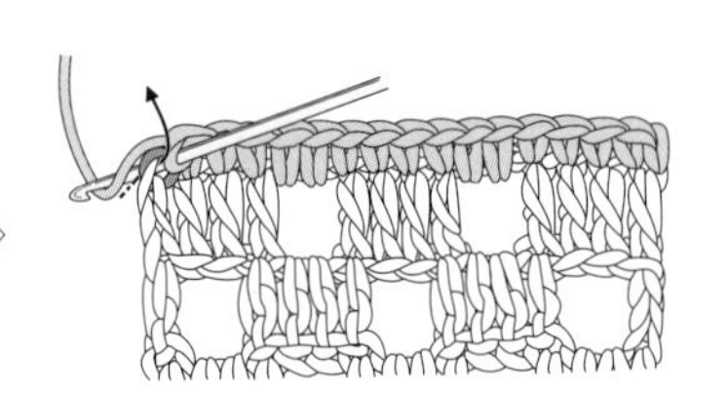

2 为了保持边缘的整齐，在转角处将针目分开，从锁针的半针和里山挑针钩织。

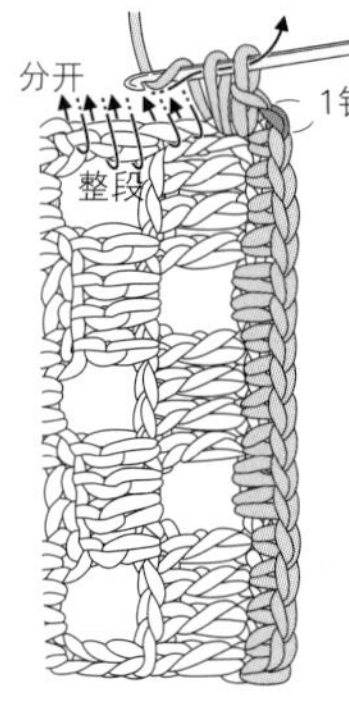

3 为了避免拉得太紧，在转角处加入锁针或狗牙针（此处为1针锁针），然后在同一个针目里再钩入1针短针。从行上挑针时，也要结合使用“分开针目挑针”和“整段挑针”这2种方法。

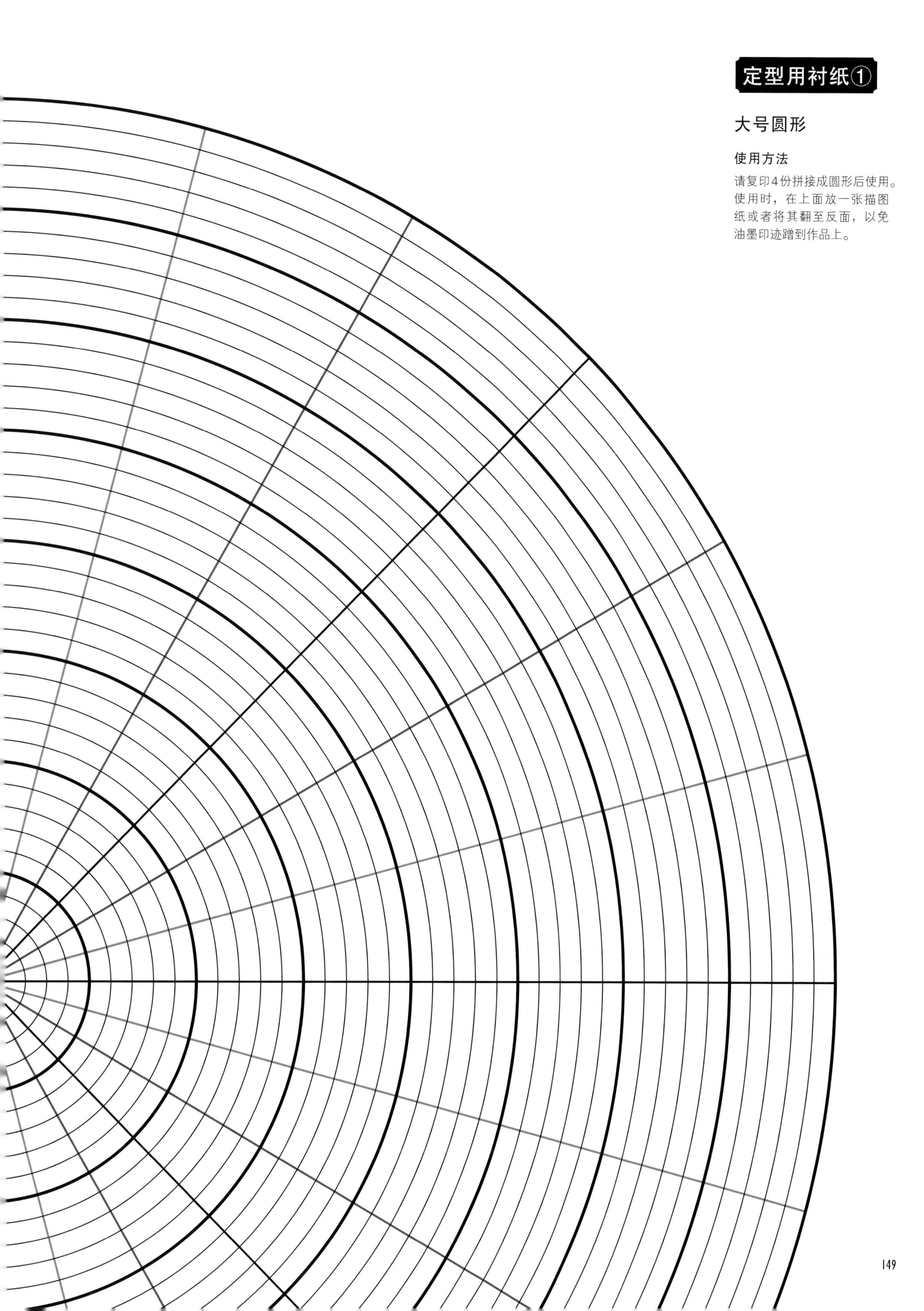

定型用衬纸①

大号圆形

使用方法

请复印4份拼接成圆形后使用。使用时，在上面放一张描图纸或者将其翻至反面，以免油墨印迹蹭到作品上。

定型用衬纸②

小号圆形

使用方法

适用于给直径20cm以内的圆形作品定型，请复印后使用。使用时，在上面放一张描图纸或者将其翻至反面，以免油墨印迹蹭到作品上。

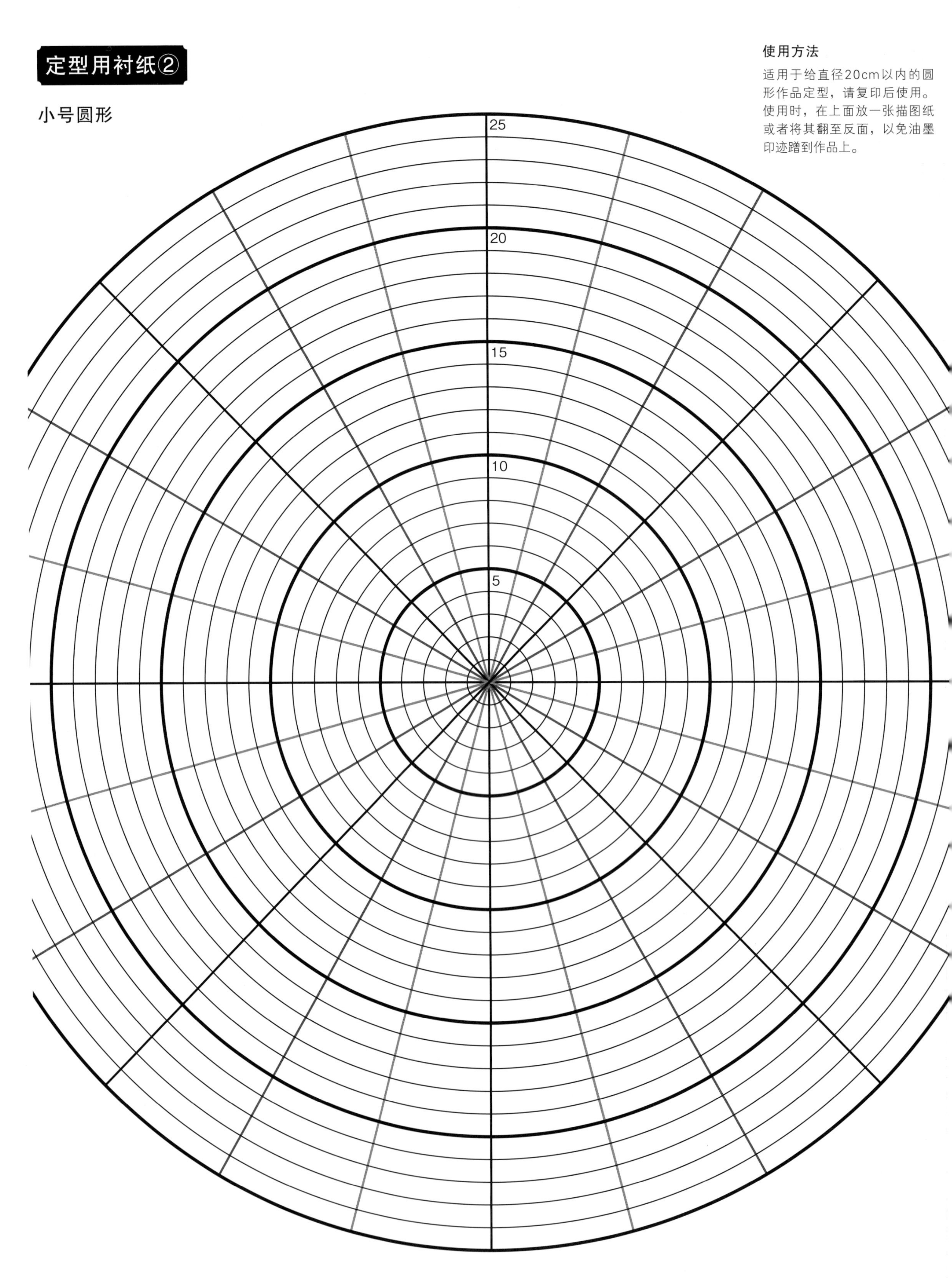

定型用衬纸③ 5mm×5mm方格

使用方法 适用于给正方形等作品定型，请复印后根据需要拼接起来使用。使用时，在上面放一张描图纸或者将其翻至反面，以免油墨印迹蹭到作品上。

STAFF（日文原版图书工作人员）

图书设计	真柄花穗（Yoshi-des.）
摄影	森谷则秋
造型	铃木亚希子
制作协助	冈田昌子
编辑协助	铃木博子　高山桂奈
编辑	有马麻理亚

图书在版编目（CIP）数据

蕾丝花片和装饰垫精选100款 / 日本宝库社编著；蒋幼幼译.—郑州：河南科学技术出版社，2021.8
ISBN 978-7-5725-0489-1

Ⅰ.①蕾…　Ⅱ.①日…②蒋…　Ⅲ.①钩针-编织-图集　Ⅳ.①TS935.521-64

中国版本图书馆CIP数据核字（2021）第121720号

出版发行：河南科学技术出版社
地址：郑州市郑东新区祥盛街27号　邮编：450016
电话：（0371）65737028　65788613
网址：www.hnstp.cn
策划编辑：刘　欣
责任编辑：刘　欣
责任校对：王晓红
封面设计：张　伟
责任印制：张艳芳
印　　刷：北京盛通印刷股份有限公司
经　　销：全国新华书店
开　　本：635 mm × 965 mm　1/16　印张：19　字数：180千字
版　　次：2021年8月第1版　2021年8月第1次印刷
定　　价：69.00元

如发现印、装质量问题，影响阅读，请与出版社联系并调换。